Richard Büttner

Ueber Gerbsäurereaktionen in der lebenden Pflanzenzelle

Richard Büttner

Ueber Gerbsäurereaktionen in der lebenden Pflanzenzelle

ISBN/EAN: 9783744711548

Hergestellt in Europa, USA, Kanada, Australien, Japan

Cover: Foto ©berggeist007 / pixelio.de

Weitere Bücher finden Sie auf **www.hansebooks.com**

Ueber

GERBSÄURE-REACTIONEN

in der

lebenden Pflanzenzelle.

———✳⟩⟨⟨———

Inaugural-Dissertation

der hohen

Philosophischen Facultät

der

königlich Bayerischen Friedrich-Alexander-Universität zu Erlangen zur Erwerbung des Doctorgrades in der Philosophie

vorgelegt von

Richard Büttner

Apotheker, aus Schreibendorf.

— — — — — — —

Erlangen. den 4. März 1890

Druck von Wilhelm Engel in Schotten.

Seinen lieben Eltern

aus Dankbarkeit gewidmet.

Der Verfasser.

Von den Stoffen, welche der Pflanzenkörper in den Kreis seiner Lebensthätigkeit einschliesst, sind besonders die Gerbstoffe in neuerer Zeit mehrfach zum Gegenstand von Forschungen gemacht worden, welchen leider die Chemie nicht in dem Maasse fördernd zur Seite steht, wie es z. B. hinsichtlich der Physiologie der Kohlenhydrate der Fall ist.

Unter dem allgemeinen Namen der Gerbstoffe versteht man eine Reihe von Körpern, die — im Grossen und Ganzen noch wenig erforscht — meistens Glycoside zu sein scheinen, wenn man von der gewöhnlichen Gerbsäure (Tannin) absieht, für welche dies nicht erwiesen ist; denn durch Erhitzen mit verdünnten Säuren oder Alkalien tritt — ohne dass Zucker gebildet wird — Zersetzung ein, und es entsteht Gallussäure $C_7 H_6 O_5$. Tannin würde deshalb als eine Digallussäure $C_{14} H_{10} O_9 + 2$ aq zu betrachten sein. (Ber. 17. 1478.)

Die Gerbstoffe geben mit Eisenoxydsalzen jene bekannten deutlich blauen oder blau-violetten Reactionen, theilen aber mit anderen Stoffen, vornehmlich mit einigen Benzolderivaten, — Phenolen, Phenolsäuren — jene Eigenschaft, so dass diese Reaction nicht als Specificum für Gerbstoffe hingestellt werden kann.

Wenn in Folgendem von „Gerbsäurereaction"
bei Anwendung von Eisensalzen die Rede ist, so geschieht
dies nur, um von dem bisher üblichen Gebrauch nicht
allzuweit abzuweichen, also mit dem Vorbehalt, dass mög-
licherweise auch noch andere Körper als die Gerbstoffe
in der lebenden Zelle dieselbe Reaction bedingen könnten.
Ausser den Eisensalzen wurden auch mehrere andere
Reagentien geprüft, es erwiesen sich aber für die zu ver-
folgenden Ziele letztere weniger zweckentsprechend, weil
es mir darauf ankam, nur solche Reagentien in Anwendung zu bringen, die es gestatten die Anwesenheit
und die Vertheilung der Gerbsäurereaction
gebenden Körper in der lebenden Zelle zu
beobachten. Es ist für die Erkenntniss der Bedeutung dieser Körper in den Pflanzen wesentlich, nicht allein
die Vertheilung in den Geweben — die ja schon vielfach
erforscht wurde — sondern auch die in der einzelnen
Zelle zu kennen.
In zweiter Linie sollten Bedingungen
ausfindig gemacht werden, unter denen der
Gehalt der Gerbsäurereaction gebenden Körper in der Zelle sich ändert.

Untersuchungsobjecte.

Um die Gerbsäurereaction der lebenden Zelle genügend
zu beobachten, unterzog ich Pflanzen aus verschiedenen
Familien der Untersuchung. Besonders aber schienen die
Zellen der Algen dem Zwecke am besten dienen zu können,
da sie leichter isolirt zu haben sind als diejenigen der
höher organisirten Phanerogamen. Die Schnitte der letzteren geben nicht immer ein wünschenswerth klares Bild,
da mehrere unverletzte Zelllagen der Beobachtung unter-

zogen werden müssen. Ausserdem finden wir in den Algenzellen häufig das ganze Laboratorium für die chemischen
Umsetzungen und den pflanzlichen Stoffwechsel auf ver-
hältnissmässig engem, gut zu beobachtenden Raum ver-
einigt, sodass dadurch einige Erleichterung geschaffen
wird. Einen fernerhin nicht ausser Acht zu lassenden
Vortheil bieten die einer Cuticula entbehrenden Algenzellen auch dadurch, dass ihre Zellmembran für Reagenz-
lösungen ziemlich gut durchlässig sind.

Die vorzunehmenden Culturversuche lassen sich mit
Algen trotz ihrer oftmals grossen Empfindlichkeit besser
anstellen und in ihrem Verlauf beurtheilen, als dies mit
höher organisirten Pflanzen möglich ist.

Reagentien.

Von den vielen Reagentien, welche von den einzelnen
Forschern auf diesem Gebiete zur Anwendung gelangten
und in Vorschlag gebracht worden sind, mussten die
zweckentsprechenden in Gebrauch gezogen werden; chemische Verbindungen nämlich, die leicht
in das Zelleninnere eindringen ohne dem
Leben zu schaden, und zugleich leicht sichtbare Reactionen geben. Ich prüfte deshalb die
Reagentien zuerst darauf, welchen Einfluss dieselben auf
die lebende Zelle ausüben, und stellte dann mit denjenigen Chemicalien, die hierin günstig waren, Proben
auf ihre Empfindlichkeit gegen Gerbsäurelösungen makrochemisch an.

Nachstehende Reagentien prüfte ich auf ihre Brauchbarkeit und werde späterhin bei den speciellen Unter-
suchungsangaben Gelegenheit haben der Erfolge zu ge-

8

denken, welche die einzelnen Autoren mit einigen dieser Körper hatten:

Acidum osmicum, Ammonium molybdaenicum, Ammonium wolframicum, Argentum nitricum, Cuprum aceticum, Cuprum sulfuricum, Ferrum aceticum, Ferrum carbonicum saccharatum, Ferrum citricum ammoniatum, Ferrum citricum oxydatum, Ferrum oxydatum saccharatum, Ferrum sesquichloratum, Ferrum sulfuricum, Ferrum sulfuricum oxydatum, Bismarckbraun, Fuchsin, Methylenblau, Methylviolett, Tropaeolin 000, Kalium arsenicosum, Kalium bichromicum, Kalium hydricum, Kalium jodojodatum, Natrium wolframicum.

Acidum osmicum.

Die Osmiumsäure wurde von *Stadler* (cf. 42. p. 76.) *) als Reagenz auf Gerbstoffe angeführt, und *Loew* und *Bokorny* weisen auf Reductionen derselben durch Gerbsäure hin, die sie (l. c. 22. p. 47.) gelegentlich ihrer Untersuchungen mit lebenden Zellen auf Eiweiss wahrnahmen. Dort wird erwähnt, dass dieselbe bis zu einer niederen Oxydationsstufe, nicht aber bis zum Metall, selbst nicht bei Anwesenheit von Alkalien reducirt werde.

Die mehrfach hydroxylirten Benzole (cf. p. 11) und deren nächste Derivate: Pyrogallol, Gallussäure und Gerbsäure reduciren Osmiumsäure bis zum braunen oder blauen Oxyd. *Ed. Wagner* (l. c. 49) wandte Osmiumsäure an um in lebenden Zellen Reactionen auf Gerbstoffe vorzunehmen und hat damit blauschwarze Färbungen erhalten.

*) Vergl. das am Schlusse angeführte Literaturverzeichniss.

Meine Erfahrungen gehen nun dahin, dass die Osmiumsäure in denjenigen Concentrationen, in welchen sie in lebenden Zellen den die Gerbstoffreaction zeigenden Körper noch nachweisen sollte, schädlich ist. Da die Osmiumsäure ferner nicht nur mit jenen eben erwähnten Körpern allein, sondern u. A. auch mit Fettsubstanzen Reactionen giebt, so war deren Verwendbarkeit für meine Zwecke sehr in Frage gestellt. In diesem Sinne urtheilt auch *Stadler*, indem er (cf. 42. p. 76.) sagt: „Osmiumtetroxyd ist ein Reagenz auf Gerbstoffe, mit welchen es braun- bis schwarzviolette (bei Eisen bläuenden) oder blauviolette (bei Eisen grünenden) Färbungen giebt. Es müssen somit seine Reactionen unsicher werden, so oft ein Praeparat gleichzeitig fette Oele und Gerbstoffe enthält." Desshalb nahm ich von der weiteren Anwendung der Osmiumsäure Abstand.

Ammonium molybdaenicum.

Das molybdaensaure Ammonium ist als Reagenz für Gerbstoffe von *Gardiner* (l. c. 8.) in einer Chlorammoniumhaltigen Lösung vorgeschlagen worden (cf. Vol. IV). *L. Braemer* (cf. 3.) jedoch kritisirte dessen Wirkung und theilte mit, dass — abgesehen von der schlechten Haltbarkeit des Reagenz' (wässrige Lösung) — die Niederschläge mit Gerbsäuren in Wasser und verdünnten Säuren löslich seien.

Meine Untersuchungen zeigten mir, dass Ammonium molybdaenicum mit Ammonium chloratum in Lösung gebracht makrochemisch mit Gerbsäure fahlgelbe bis röthliche Reaction eingeht, die später als Niederschlag hervortritt. Als Reagenz aber auf die lebende Zelle ist es absolut unbrauchbar, da es nicht nur selbst in hohen

Verdünnungen auf das Leben der Zelle einen äusserst
nachtheiligen Einfluss ausübt, sondern auch nach dem
Absterben derselben unsichere Reactionen liefert, was
wohl in dem fast immer sauer reagirenden Zellsaft seinen
Grund hat. Daraufhin nahm ich von der weiteren Verwendung
des Reagenz' Abstand.

Ammonium wolframicum.

Einigen Angaben folgend, unterzog ich dasselbe ebenfalls einer Prüfung auf seine Verwendbarkeit in lebenden
Objecten. Folgend einer für Natrium wolframicum gemachten Andeutung von *L. Braemer* (cf. 3.) stellte ich
die wässrige Lösung mit Ammonium aceticum im Ver-
hältniss von 1 : 2 Gr. in 10 cc Wasser und noch grösseren Verdünnungen her; brachte das Salz auch für sich
allein in Anwendung. Die makrochemischen Reactionen
mit gleichen Volumtheilen einer Tanninlösung vorgenommen ergaben Folgendes: In 10% Tanninlösung entstand sofort ein flockig gelber Niederschlag; von da
ab in Verdünnungen bis 1% Tanninlösung nahm der
Niederschlag allmählich an Deutlichkeit ab, sodass bei
1%o Tanninlösung nur noch eine hellgelbe Tinction zu
beobachten war. Diese wurde von hier ab immer heller,
bei 1 : 5000 war die Grenze der Reactionsfähigkeit er-
reicht. Unter dem Mikroskop zeigte der Niederschlag
eigelbgefärbte Körnchen.
   Versuche, die nun mit lebenden Zellen vorgenommen
wurden, liessen jedoch, ehe eine Gerbsäurereaction eingetreten war, die ungünstigsten Einflüsse auf die lebende
Zelle erkennen, sodass ich eine weitere Verwendung nicht
vornahm,

Argentum nitricum.

Einige Körperklassen, z. B. die mehrfach hydroxylirten Benzole mit ihren Derivaten, besonders die Gerbstoffe werden von neutraler Silberlösung (cf. 22. p. 12.)
reducirt. Eine alkalische Silbernitratlösung ist ebenfalls
zum Nachweis für Gerbstoffe zu benützen (l. c. p. 44.),
sie zeigt aber auch Glycose an. Ich stellte nun Versuche,
sowohl mit der neutralen, als mit der alkalischen Silbernitratlösung an; letztere stellte ich nach den Angaben
der Verfasser (l. c. p. 51.) dar, sie kam vor den Untersuchungen frisch bereitet in Anwendung. Die meisten
Zellen zeigten nun auch eine gut zu beobachtende Reaction;
da aber nach den Verfassern (cf. p. 45.) auch andere Stoffe
damit reagiren, brach ich die weiteren Prüfungen ab.

Cuprum aceticum und Cuprum ammonium oxydatum,

welch' ersteres von *Moll* (cf. 24. p. 97. und 25. p. 93.) und
de Vries (cf. 48. p. 41.) nach des Ersteren Verfahren,
letzteres von *Hartig* (l. c. 10.) und *Vogl* (cf. 46.) als Gerbstoffreagenz in Anwendung gebracht wurde, zeigten, dass
bei der grossen Giftigkeit der Kupferverbindungen für
die pflanzliche Zelle ein Beobachten der nach dem Tode
des Individuums erst entstehenden, von *Vogl* (l. c. 46. p. 180)
übrigens schon als nicht characteristisch hingestellten Reactionen für meine Zwecke werthlos waren.

Eisenverbindungen.

Die Eisenverbindungen liefern von den ersten An-
fängen der Gerbstoffnachweisungen im Pflanzenkörper an
bis in die Neuzeit hinein beliebte Reagentien für diesen
Zweck. Wenn auch den mir bekannt gewordenen Arbeiten nach diese Körper meist zur Beobachtung der Gerb-

säurereaction nach eingetretenem Tode des Pflanzentheils herangezogen wurden, so regte doch die vielfache Anwendung mich an die einzelnen Glieder dieser Gruppe auf ihre Brauchbarkeit einer eingehenden Untersuchung zu unterziehen. Es wendeten einige dieser Eisensalze als Gerbstoffreagentien z. B. an:

Karsten (cf. 14.), welcher überhaupt meines Wissens die ersten Angaben über Gerbstoffgehalt der Zellen giebt (l. c. p. 139.), übermittelt uns nähere Aufklärung über seine Untersuchungen (cf. 15. p. 74.), die er mit Eisenchlorid ausführt. Sachs (cf. 34. p. 24.) empfiehlt allgemein die Eisensalze und speciell (cf. 36. p. 245. u. f.) prüft er auf Gerbstoff mit essigsaurem Eisenoxyd unter Erwärmen der Gerbstoffzellen. Hartig (cf. 10. p. 53.) reagirt ausser mit anderen Reagentien auch mit den Eisenverbindungen, ohne sich hier näher darüber zu äussern. In Engler's Arbeit (cf. 7. p. 888.) kommt Eisenchlorid in Verwendung und Naegeli und Schwendener (cf. 28. p. 490.) legen die Schnitte in Eisenoxydsalzlösungen allein oder nachdem sie in Glycerin vorerst verweilten. Die Methode von Hartig (l. c. 10.), der die Untersuchungsobjecte erst in Oel und dann in Eisensalzlösungen tauchte, können die zuletzt genannten Verfasser nicht gutheissen. Loew und Bokorny empfehlen (cf. 22. p. 43.) als bestes Mittel zur Nachweisung des Gerbstoffes Eisenvitriol. de Vries nimmt (cf. 47. p. 575.) Eisenchlorid als Reagenz, und Stadler (cf. 42.) wendet bei seinen Untersuchungen dasselbe ebenfalls an. Möller (cf. 26.) begründet die Anwesenheit von Gerbsäure in seinen Objecten (l. c. p. 4. u. f.) durch Reactionen mit Eisenchlorid, in besonderen Fällen greift er zu (l. c. p. 7.) Ferrum citricum ammoniatum. Büsgen operirt ausser mit anderen Reagentien (cf. 4. p. 52. u. f.) mit Eisenchlorid.

Den von den einzelnen eben angeführten Forschern für ihre Experimente in Verwendung gebrachten Eisensalzen gesellte ich noch andere Eisenverbindungen hinzu um über die Zuverlässigkeit jener Körper vollen Ueberblick zu bekommen. Am Anfang dieses Abschnittes habe ich bereits eine namentliche Aufzählung aller verwendeten Eisensalze angegeben.

Vorerst will ich beifügen, dass der oft recht saure Character einiger dieser Körper bedenklich schien; ich sah mich desshalb veranlasst, so viel es die Zusammensetzung der Praeparate zuliess durch Abstumpfung der Säure mittelst Kaliumhydroxyd oder Ammoniak* mit möglichst neutralen Lösungen zu operiren und erhielt nun meinem Zwecke besser entsprechende Resultate. Ferrum carbonicum saccharatum löste ich in Kohlensäure haltigem Wasser.

Es stellte sich nun heraus, dass einige dieser Salze, trotzdem sie oft in noch später speciell zu erwähnenden grossen Verdünnungen zur Anwendung gelangten, kein günstiges Resultat lieferten, sodass, nachdem die Operationen unter den verschiedensten Bedingungen vorgenommen worden waren, ein grosser Theil sich für die massgebenden Untersuchungen als untauglich erwies.

Verwendbar waren: Ferrum citricum ammoniatum; Ferrum citricum oxydatum, nachdem mit wenig NH_3 soweit abgestumpft war, dass nur noch schwach saure Reaction erkennbar war; Ferrum sesquichloratum ebenfalls fast neutral; Ferrum sulfuricum und Ferrum sulfuricum oxydatum in wenig saurer Lösung.

Was die beiden Verbindungen des Eisens mit Citronensäure betrifft, hatte ich öfter Gelegenheit, die Verschiedenartigkeit der Wirkungsweise derselben zu erkennen und mag der Grund darin wohl liegen, dass sich Ferrum citricum ammoniatum von mit NH$_3$ versetztem Ferrum citricum oxydatum in der Acidität unterscheidet. Aus schwefelsaurem Eisenoxydul wird in der Zelle jedenfalls das Oxydsalz.

In weiter unten angeführten Tabellen soll die Empfindlichkeit der Reagentien auf Gerbsäure des Näheren beleuchtet werden.

Farbstoffe.

Was nun die Verwendbarkeit derjenigen Farbstoffe betrifft, die von Gerbstoffhaltigen Lösungen aufgespeichert werden sollen, so liegen hierüber eine Reihe von Versuchen vor. Ich erwähne die Angaben von *Pfeffer* und und von *Klercker*. In einer sehr ausführlichen Arbeit erwähnt *Pfeffer* (cf. 32. p. 183. u. f.) über die Fähigkeit der Gerbsäure einige Farbstoffe aufzuspeichern ausser Methylenblau, welches er hauptsächlich zum Nachweis derselben benutzt, noch Methylviolett, Cyanin, Bismarckbraun, Fuchsin und Tropaeolin 000. *Klercker* (cf. 17.) acceptirt das Verfahren von *Pfeffer*, indem er seine Untersuchungen lediglich mit Methylenblau anstellt. Dieser letztere Körper wird von beiden genannten Verfassern in sehr grossen Verdünnungen angewendet, so z. B. in Lösungen von 1:500 000; öfter sogar operiren sie mit 1:1 000 000. Als Lösungsmittel wird filtrirtes Regenwasser verwendet; destillirtes Wasser vermeiden sie aus dem von mir später noch anzugebenden Grunde.

Die angestellten Versuche, unter den von den Verfassern oben genannter Arbeiten eingehaltenen Bedingungen

von mir vorgenommen, bestätigten auch an meinen Unter-
suchungsobjecten die Resultate jener Forscher. Aber auch
diese Farbstoffe wirken mit der Zeit ungünstig auf die
lebenden Zellen ein. In diesem Sinne äussert sich auch
Pfeffer (cf. 32. p. 183. u. f.). In Verdünnungen von
0,001% tödtete Methylenblau in wenigen Stunden Spirogyra comm., selbst in Lösungen von 1 : 1000000 schä-
digte es die meisten Pflanzen. Abgesehen von der Giftigkeit ist es noch ein anderer Umstand, der die Zuverlüssig-
keit dieser Farbstoffe als Reagentien auf Gerbsstoff er-
schüttert, die Frage, ob die entstehenden Reactionen allein
jenen Gerbstoffen und mit ihnen nahe verwandten Körpern
zukomme, oder ob noch andere Körper der lebenden Zelle
das Vermögen besitzen, Farbstoffe aufzuspeichern. Hierüber
spricht sich nun *Pfeffer* in seiner Arbeit deutlich genug
aus: „Der einzige die Speicherung des Methylenblaus be-
dingende Körper" sagt *Pfeffer* (cf. 32. p. 190.) „ist in-
dess die Gerbsäure nicht, denn diese fehlt gänzlich, oder
ist doch nur in sehr geringer Menge vorhanden z. B. in
den Blättern von Elodea canadensis, in Saprolengia ferax,
Oedogonium spec. und in der Wurzel von Lemna minor.
Auch sind die im Zellsaft bei Zygnema, Elodea, Lemna,
in den Wurzelhaaren von Trianea sich einstellenden krystallinischen Ausscheidungen nicht gerbsaures Methylenblau,
das in- und ausserhalb der Zellen nur feinkörnige Niederschläge bildet. Durch diese farbigen Niederschläge wird
aber die Entstehung einer gerbsäurefreien Verbindung sicher
dargethan, denn jene entstehen in Zellen in derselben Ge-
staltung, mag man die Handelswaare des Methylenblaus
(das salzsaure Salz), die freie Base oder das citronensaure
Salz bieten, die sämmtlich garnicht zu krystallisiren vermögen, oder doch nur unbesimmte krystallinische feinkör-

nige Massen bilden." Bei der Untersuchung von Bryum caespiticium ist es dem Verfasser (l. c. p. 187.) „zweifelhaft, ob gewisse Farbstoff aufnehmende Bläschen Gerbstoff führen." Aus diesen Beobachtungen, fährt *Pfeffer* fort (l. c. p. 188.): „geht zugleich hervor, dass in derselben Zelle verschiedene Formen der Speicherung sich finden können, wie denn z. B. in Zygnema farbiger Zellsaft oder farbige Krystalle neben gefärbten Gerbsäurebläschen vorhanden sind und feinkörnige oder auch krystallinische Ausscheidungen oder beide zugleich werden neben gefärbter Vacuolenflüssigkeit, in manchen Wurzelhaaren von Lemna und in Blattzellen von Elodea gefunden."

Auf Grund seiner ganz ausführlichen Untersuchungen fühlt sich dann Verf. (l. c. 32. p. 191.) zu dem Schluss gedrängt, dass Methylenblau nicht als ein specifisches Reagenz auf Gerbsäure hingestellt werden könne; dort aber, wo Gerbsäure in lebenden Zellen vorkomme, sei es sicher, dass dieselbe durch Aufnahme von Farbstoff zu erkennen und an dieser Stelle auch die einzige Ursache der Speicherung sei.

Bei meinen Untersuchungen bemerkte ich auch sehr oft ausser dem Auftreten der Färbungen in Vacuolen bei Zygnemen und Spirogyren, dass die in der Nähe der Chlorophyllkörper am Plasma vorkommenden krystallinischen Ausscheidungen (welche wahrscheinlich Calciumoxalat waren, der weiteren Verwendung der lebenden Zelle wegen aber nicht damit durch Reactionen identificirt werden konnten) unregelmässig Farbstoff aufnehmen, d. h. einzelne Krystalle zeigten Tinction, andere aber nicht.

Aus der Familie der Cruciferen, von denen ja bisher meist bekannt war, dass sie Gerbstoff nicht enthalten, prüfte ich Schnitte von Cochlearia officin., Camelina sativa

Crutz., Brassica nigra L., Raphanus sativus L. u. A.*) aus
ihren hypocotylen Theilenund von Wurzeln nach *Pfeffer's*
Methode. Es wurde auf das Evidenteste durch das Auftreten der Tinction im Zellsaft bewiesen, dass hier andere
Stoffe das Vermögen der Farbstoffaufspeicherung besitzen.
Reactionen mit Eisensalzen auf Gerbstoffe blieben er-
folglos.

Was nun speciell über die hier aufgeführten Thatsachen
für Methylenblau gesagt ist, bezieht sich gleichfalls auf
die anderen oben angeführten Farbstoffe; es mussten somit diese Körper von weiteren Untersuchungen fern gehalten werden.

Kaliumverbindungen.

Was die Gerbsäurereactionen, hervorgerufen durch
Kaliumverbindungen, betrifft, so war auf Grund der mir
bekannt gewordenen Versuche Anderer ebenfalls eine ein-
gehende Prüfung nöthig. Die am Anfang dieses Abschnittes
namhaft gemachten Kaliumreagentien sind alle schon früher
zum Gerbsäurenachweis in Anwendung gekommen. Es
sind darüber z. B. nähere Angaben zu finden bei: *Sachs*
(cf. 34. p. 24.), welcher Kaliumhydroxyd anwendet; er
praecisirt später (cf. 35.) seine Angaben (cf. 36. p. 245. u. f.)
noch näher. *Sanio* (cf. 37. p. 17.) nimmt Kaliumbichromat in Verwendung und *Hartig* (cf. 10. p. 53. u. f.) operirt
u. A. mit Kalilauge, welche bei *Vogl* (cf. 46. p. 111.) ebenfalls zu Untersuchungen herangezogen wird. *Pfeffer* (cf.
31.) wendet Kaliumbichromat nach der Sanio'schen Methode an, was auch *Petzold* (cf. 30.) und *Kutscher* (cf. 20.
p. 33. u. f.) thun. Bei *Behrens* (cf. 1. p. 372.) findet man
Jodjodkalium als Gerbstoffreagenz angegeben; *Wilke* jedoch

*) Vergleiche später die Untersuchungen bei Phanerogamen.

2

18

zieht es wieder vor (cf. 51. p. 6.) nach der Sanio'schen
Methode zu arbeiten, d. h. Kaliumbichromat zu verwenden,
was *Westermeier* (cf. 50. p. 1115. u. f.), *Berthold* (cf. 2. p.
33.), *Wagner* (cf. 49.) und *Büsgen* (cf. 4.) ebenfalls bei
ihren Experimenten thun. *Wagner* (l. c.) legt die zu
untersuchenden Pflanzentheile 8 Tage lang in eine Lösung
1 : 20 und *Büsgen* (l. c.) injicirt seine Untersuchungsobjecte
unter der Luftpumpe mit dem Reagenz, um dann die mi-
kroskopische Prüfung nach dem Absterben der Zellen vorzunehmen.

Unter Berücksichtigung aller in oben angeführten
Arbeiten gemachten Beobachtungen habe ich die einzelnen
Reagentien dieser Gruppe geprüft und mit meist sehr verdünnten Lösungen gearbeitet. Die Zellen jedoch vertrugen
in allen Fällen die Einwirkung nicht, sie starben früher
oder später ab, ehe eine Gerbsäurereaction in ihnen eintrat,
selbst auch bei Anwendung soweit verdünnter Reagentien,
dass deren makrochemische Wirkung auf Gerbsäure ohne
Erfolg war. Somit sind auch diese Reagentien zum Gerbsäurenachweis in lebenden Objecten unverwendbar.

Natrium wolframicum.

Braemer (cf. 3.) erwähnt dessen Wirkung auf die
Gerbstoffe und führt an, dass Gallussäure braun und Digallussäure fahlgelb in saurer oder alkalischer Lösung ge-
fällt werden; die Anwesenheit von Wein- oder Citronensäure jedoch verhindert das Auftreten der Reaction. Verf.
wendet das Reagenz mit Natriumacetat in einem Ver-
hältniss 1 : 2 in 10 cc. Wasser gelöst an. Die geschilderten
Reactionen erhielt ich zum Theil, aber auch hier ergaben
sich nachtheilige Wirkungen des Reagenz' auf das Leben
der Zelle, was mich veranlasste bei den weiteren Untersuchungen von der Verwendung desselben abzusehen.

Untersuchungsmethode.

Aus den angeführten Prüfungen über die Brauchbarkeit der Reagentien geht somit hervor, dass es lediglich die Eisensalze sind — und von diesen auch nur ein geringer Theil — welche für die folgenden Untersuchungen in Betracht kommen können.

Um nun ein Urtheil über die Empfindlichkeit derselben zu erhalten, brachte ich die Lösungen in verschiedenen Concentrationen zusammen. In nachfolgender tabellarischer Zusammenstellung sind die dadurch erzielten Ergebnisse aufgeführt. Was die einzelnen Reagentien selbst betrifft, so wählte ich die Eisensalze von der Beschaffenheit, wie sie in Apotheken leicht zu haben sind. Unter den Gerbsäurepraeparaten musste aber eine Auswahl getroffen werden: Zur Verwendung kamen nur T a n n i n e, die möglichst chemisch rein sind, desshalb wählte ich das im „Bericht über die Verhandlungen der Commission zur Feststellung einer einheitlichen Methode der Gerbstoffbestimmung" (cf. 6. p. 31.) von *Dr. J. von Schroeder* für diese Zwecke als das beste bezeichnete „Tannin Ph. G. von Schering", Berlin. Dieses Praeparat ist nach den in eben genannter Quelle gemachten Angaben bis auf Spuren durch Blösse füllbar*).

In den nun folgenden Tabellen ist die Einwirkung verschieden concentrirter Gerbsäurelösungen auf Eisensalzlösungen von variablen Concentrationen — immer in gleichen Volumtheilen — übersichtlich dargestellt.

---

*) Reine pulverisirte thierische Haut im trockenen Zustand.

Tab. I.

5 cc. Lösung von Ferrum citricum oxydatum mit NH₃ fast neutralisirt.

5 cc. Tannin-lösung.	Zeit.	10°/₀.	Zeit.	1°/₀.	Zeit.	0,1°/₀.	Zeit.	0,01°/₀.	Zeit.	0,001°/₀.
10 Proc.	sofort	schwarz-blauer Niederschlag	sofort	schwarz-blauer Niederschlag	sofort	dunkelblau	allm.	hellgrau-blau	15 Min.	Spur
1 "	sofort	grau-grüner Niederschlag	allm.	schwarz-blauer Niederschlag	allm.	dunkelblau	10 Min.	blau	20 Min.	Spur
0,1 "	allm.	grau-grüner Niederschlag	15 Min.	grün-blau	15 Min.	blau	15 Min.	hellblau	25 Min.	Spur
0,01 "	15 Min.	grün-blau	20 Min.	Spur	20 Min.	sehr hellblau	20 Min.	sehr hellblau	30 Min.	Spur
0,001 "	20 Min.	Spur	—	—	—	—	—	—	—	—

Tab. II.

5 cc. Lösung von Ferrum citricum ammoniatum.

5 cc. Tannin-lösung.	Zeit.	10°/₀.	Zeit.	1°/₀.	Zeit.	0,1°/₀.	Zeit.	0,01°/₀.	Zeit.	0,001°/₀.
10 Proc.	sofort	schwarz-blauer Niederschlag	sofort	dunkelblau	allm.	dunkelblau	5 Min.	hellgrau-blau	10 Min.	hellgrau-blau
1 "	sofort	schwarz-blauer Niederschlag	sofort	dunkelblau	allm.	blau	10 Min.	hellblau	15 Min.	Spur
0,1 "	allm.	grau-blauer Niederschlag	allm.	graublau	allm.	hellblau	15 Min.	sehr hellblau	20Min.	Spur
0,01 "	15 Min.	grau-blau	15 Min.	Spur	15 Min.	sehr hellblau	20 Min.	Spur	—	—
0,001 "	20 Min.	Spur	—	—	—	—	—	—	—	—

Tab. III.

5 cc. Lösung von Ferrum sesquichloratum fast neutral.

5 cc. Tannin-lösung.	Zeit.	10%	Zeit.	1%	Zeit.	0,1%	Zeit.	0,01%	Zeit.	0,001%
10 Proc.	sofort	schwarz-blauer Niederschlag	sofort	dunkelblau	sofort	dunkelblau	allm.	grau-gelb	allm.	Spur
1 "	sofort	schwarz-blauer Niederschlag	sofort	blau	sofort	hollblau	allm.	hellblau	allm.	Spur
0,1 "	sofort	dunkelgrau-braun	sofort	grau-blau	sofort	hellgrau-braun	allm.	grün-gelb	allm.	Spur
0,01 "	sofort	dunkelgrau-braun	allm.	grün-gelb	allm.	hellgrün-gelb	allm.	hellviolett	—	—
0,001 "	allm.	grau-braun	allm.	grün-gelb	—	—	allm.	—	—	—

Tab. IV.

5 cc. Lösung von Ferrum sulfuricum.

5 cc. Tannin-lösung.	Zeit.	10%	Zeit.	1%	Zeit.	0,1%	Zeit.	0,01%	Zeit.	0,001%
10 Proc.	sofort	schwarz-blauer Niederschlag	sofort	schwarz-blauer Niederschlag	sofort	grau-violett	allm.	hellgrau-violett	allm.	Spur
1 "	sofort	schwarz-blauer Niederschlag	sofort	dunkelviolett	sofort	hellviolett	allm.	hellviolett	allm.	Spur
0,1 "	sofort	grau-violett	sofort	grau-violett	sofort	sehr hellviolett	allm.	Spur	—	—
0,01 "	allm.	hellgrau-violett	allm.	hellgrau-violett	allm.	Spur	allm.	Spur	—	—
0,001 "	allm.	Spur	—	—	—	—	—	—	—	—

Tab. V.

5 cc. Tannin-lösung.	10°/₀.	Zeit.	1°/₀.	Zeit.	5 cc. Lösung von Ferrum sulfuricum oxydatum fast neutral. 0,1°/₀.	Zeit.	0,01°/₀.	Zeit.	0,001°/₀.	Zeit.
10 Proc.	dunkelblauer Niederschlag	sofort	dunkelblau	sofort	dunkelviolett	sofort	grau	sofort	Spur	allm.
1 „	dunkelblau	sofort	dunkelviolett	sofort	blau	sofort	hellviolett	sofort	—	—
0,1 „	blau-grün	sofort	grau-grün	sofort	hellgrau-grün	sofort	Spur	allm.	—	—
0,01 „	hellgrau-grün	sofort	hellgrün	allm.	hellviolett	allm.	—	—	—	—
0,001 „	Spur	allm.	—	—	—	—	—	—	—	—

Alle diese Reactionen treten jedoch nicht ein, sobald die Lösungen erheblich sauren Character zeigen. Die einzelnen blauen Farbentöne werden öfter durch die gelb erscheinende Tanninlösung und durch die Färbung der Eisenlösung in deren grösseren Concentrationen entweder theilweise verdeckt, oder es treten in solchen Fällen Mischfarben ein. Auf diese Weise entstehen die grauen, grünen oder braunen Töne. Die Uebergänge der einzelnen Eisensalze zur Reactionsgrenze sind aus den Tabellen leicht zu ersehen.

Was nun die Art der speciellen Untersuchungen anbetrifft, so mag Folgendes erwähnt sein: Die Reagentien kamen in für die Zellen nicht nachtheiligen Concentrationen, welche späterhin jedesmal angegeben werden sollen, zur Verwendung und zwar wurden sie in Brunnen- nicht in destillirtem Wasser gelöst, weil letzteres erfahrungsgemäss den Pflanzen nicht immer zuträglich ist,

Die betreffenden Untersuchungsobjecte verweilten —
nachdem sie mit Brunnenwasser einige Zeit in Berührung
waren und damit nochmals abgespült wurden — so lange
in den Lösungen, bis davon genommene Proben das Be-
ginnen der Reaction erkennen liessen. Die übrigen Verhältnisse, wie Temperatur und Beleuchtung, wurden den
für die einzelnen Pflanzen in Natur entsprechenden so viel
wie möglich angepasst. Die Wassermasse war eine
der Zeit der Untersuchung entsprechende; im Uebrigen
wurden die Lösungen öfter durch Bewegung der Behälter
durchmischt, damit die einzelnen Zellen stets von neuen
Flüssigkeitsschichten umspült würden. Von Zeit zu Zeit
wurden die alten Lösungen durch frischbereitete ersetzt.
In vielen Fällen kamen die Zellen direct unter Deckglas
zur mikroskopischen Prüfung in den für sie bestimmten
Lösungen. Bei vorzunehmender Plasmolyse kam Glycerin
in Anwendung und zwar in successiv gesteigerten Concentrationen, um die Wasserentziehung nicht so rapid vor
sich gehen zu lassen, dass dem Leben der Zelle erheb-
licher Schaden zugefügt würde. Sollten Schnitte untersucht werden, so wurden dieselben erst sorgfältig in
Brunnenwasser abgespült, damit die durch die Einwirkung des Messers etwa entstandene Reaction entfernt
würde.

Untersuchungen.

Die untersuchten Algen bestimmte ich mit Hilfe der
Tabulae phycologicae von *Fr. Tr. Kützing.*
Die Phanerogamenpflanzen wurden aus Samen ge-
zogen.

Gerbsäurereaction bei Kryptogamen.

Die Algen kamen in Lösungen von:

1. Ferrum citricum oxydatum durch NH₃ fast neutralisirt;
2. Ferrum citricum ammoniatum;
3. Ferrum sesquichloratum fast neutral;
4. Ferrum sulfuricum und
5. Ferrum sulfuricum oxydatum fast neutral in Concentrationen von: 1 : 10 000 bis 1 : 5000 in selteneren Fällen in 1 : 2500 oder noch stärkeren Lösungen zur Untersuchung.

Zygnema cruciatum zeigte nach einstündigem Verweilen in den Reagentien folgende Veränderung: Bei völlig normaler Turgescenz und deutlich wahrnehmbarer Protoplasmaströmung hatten Protoplasma, Chlorophyll, Zellkern und Membran an Structur und Färbung keine Aenderung erfahren. Der ganze Zellsaft einiger Zellen jedoch zeigte deutlich hellblaue Färbung, sodass sich die übrigen Zellinhalte gemäss ihrer optischen Verhältnisse scharf abhoben. Das wandständige Protoplasma war gegen den tingirten Zellsaft nicht durch eine daranstossende stärker gefärbte Schicht (Niederschlagsmembran) begrenzt. Die Farbentöne nahmen an Intensität nach den Zellquerwänden zu, welches seinen Grund wohl nicht in einer hier vorhandenen concentrirteren Gerbsäurelösung findet, sondern es gelangen an den Querwänden die Zellsäfte in dickeren Schichten zur Beobachtung als im Centrum des Zelllumens, an welch' letzterer Stelle die Protoplasmamassen gedrängter sind und dadurch für den Zellsaft weniger Raum übrig bleibt.

Mit Glycerin successive plasmolysirt, liessen solche
Zellen durch Wasserentziehung den tingirten Zellsaft all-
mählich dunkler gefärbt erscheinen, auch lag die farblose
Protoplasmamasse mit dem Chlorophyll im centralen Theil
der Zelle, während zu beiden Seiten der tingirte Zell-
saft lagerte.
Die Membran zeigte k e i n e Reaction.
Die Plasmolyse hatte ungefähr 30 Secunden gewirkt:
Glycerin wurde nun nach behutsamem Auswaschen durch
Wasser ersetzt; es trat in den meisten Fällen zunehmende
Ausdehnung des Protoplasmaschlauches und wieder Her-
stellung des Turgors ein, sodass ungefähr nach einer
Stunde die Zellen meist ihre frühere Gestalt wieder ein-
genommen hatten. Der tingirte Zellsaft war wieder gleichmässig vertheilt, die Anordnung des Protoplasmas und
Chlorophylls schien keine wesentliche Verschiebung er-
litten zu haben. Kurze Zeit darauf f ä r b t e s i c h N u c -
l e u s und N u c l e o l u s, später betheiligte sich an der
Färbung auch das übrige Protoplasma, so weit es beobachtet werden konnte und in dem wandständigen Protoplasma war der Eintritt körniger Coagulation zu beobachten, durch welche der Einblick in das Innere erchwert
wurde; h i e r m i t t r a t d e r T o d d e r Z e l l e ein.
In einigen anderen, demselben Faden angehörigen
Zellen war von Einwirkung der Reagenz' nichts zu be
obachten, auch nicht nach noch längerem Verweilen in
den Lösungen. Um sicher zu sein, ob solche Zellen frei
von Gerbsäurereaction gebenden Körpern seien, liess ich
G l y c e r i n m i t W a s s e r in zunehmenden Concentrationen z u g l e i c h m i t d e m R e a g e n z unter Deckglas
einwirken. Bei Eintritt der Contraction des Zellinhaltes
trat nun fast immer G e r b s ä u r e - R e a c t i o n z w i s c h e n

contrahirtem Theil und Zellmembran auf. Dieses Verfahren wiederholte ich in späteren Fällen öfter, und die in der eben beschriebenen Art auftretende Reaction auch bei anderen Algenzellen zeigt, dass die die Gerbsäurereaction hervorrufenden Körper bei der Plasmolyse exosmiren können.

Zygnemenzellen, die während einer Zeit zur Beobachtung gelangten, zu der bereits der ganze Zellinhalt, auch die Membran tief blau gefärbt waren, zeigten bei Plasmolyse unvollkommene Contraction. Es hatte hier offenbar beim Ableben der Zelle in allen Theilen Durchtränkung durch den die Gerbsäurereaction verursachenden Körper stattgefunden.

Andere Zellen, welche ungefähr 30—40 Minuten im Reagenz gelegen hatten, zeigten ausser dem Auftreten eines hellblau gefärbten Zellsaftes wie früher schon geschildert wurde, in der Nähe des Zellkernes noch einige kleine hellblau gefärbte Bläschen.

Was den Eintritt der beobachteten Reactionen betrifft, so war das Vordringen des Reagenz' in vielen Fällen gut zu verfolgen und muss erwähnt werden, dass das Reagenz nicht nur von den von der Lösung umspülten Seiten her einzudringen schien, sondern das Fortschreiten der Tinction geschah sehr oft auch von den Zwischenmembranen aus; in anderen Fällen trat eine Combination des eben Erwähnten auf.

Recht oft hatte ich Gelegenheit die Reaction nicht über den ganzen Zellsaft vertheilt auftreten zu sehen, sondern es waren an verschiedenen Stellen im Innern der Zelle tingirte Vacuolen zu bemerken. Wahrscheinlich hatte sich die ursprünglich eine Vacuole getheilt. Die vielfach vermuthete

Niederschlagsmembran von gerbsaurem Eiweiss an der Grenze von Vacuole und Plasma
trat mit den Eisenreagentien niemals hervor;
ebenso war im Innern der Vacuolen ein Nie-
derschlag niemals zu bemerken. Wurden dergleichen Zellen mit Glycerin successive
plasmolysirt, so verschmolzen die Theilvacuolen öfter und
die Gerbsäurereaction verbreitete sich nun über den ganzen Zellsaft.

Besonders schön traten die Reactionen in Vacuolen
bei Behandlung der Zellen mit Eisencitrat ein. Um zu
erfahren, ob durch die Reaction so tiefgreifende Veränderung im Innern der Zelle hervorgerufen würde, dass die
weitere Existenz derselben in Frage gestellt sei, legte ich
nach deutlich aufgetretener Reaction die Zellen in frisches
Wasser. In vielen Fällen kehrten die Zellen zum ganz
normalen Zustand zurück, und es war dann der Sitz der
früheren Reaction durch Nichts mehr kenntlich.

Ausser im Zellsaft oder in grösseren Vacuolen tritt
Gerbsäurereaction auch in kleinen Bläschen
auf, die theils längs des wandständigen Protoplasmas,
theils längs der Plasmastränge beobachtet werden. Zwei-
mal konnte ich deutlich beobachten, wie ein Bläschen
von dem Protoplasmastrang eine kurze Strecke mitge-
schleppt wurde; es scheint somit, dass diese Bläschen
mit dem Plasma verbunden sind. Bei Glycerin-Plasmolyse trennten sich diese Bläschen nicht als solche vom
Protoplasma, sondern durch Zersprengung ihrer Hülle
vereinigte sich deren Inhalt mit dem allgemeinen Zellsaft.

Eine andere, langgliedrige und kleine Zygnema, die
der von *Kützing* beschriebenen und abgebildeten: **Zygnema
subtile** entsprechen mag, zeigte in ihrem Verhalten gegen

Gerbsäurereagentien im Grossen und Ganzen Aehnliches
wie Zygnema cruciatum. Zellen, die besonders lang
waren, zeigten Gerbsäurereaction in Vacuolen an den
Querwänden. In diesen Vacuolen war eine auffallend
lebhafte Bewegung von kleinen Körperchen zu beobachten. An solchen Stellen, wie den eben bezeichneten,
schien es mir, dass auch die Querwände der Zellen Reaction zeigten, besonders dort, wo durch lebhaftes Wachsthum die einzelnen Zellen lang gestreckt erschienen.

Spirogyra setiformis hatte durchschnittlich 1—2 Stunden in den Reagentien gelegen; die Gerbsäurereaction
zeigte bezüglich ihres Auftretens eine ähnliche Mannig-
faltigkeit wie bei Zygnemen. Einzelne Zellen hatten bei
völliger Turgescenz und sonst normalen Aussehen öfter
im ganzen Zellsaft deutlich blaue Reaction gegeben.
Zellkern, Protoplasma und das Chlorophyll
schienen in ihren Functionen durch das
Eindringen der Reagentien nicht gestört
worden zu sein, es fand in vielen Zellen sogar
auffallend lebhafte Strömung des Protoplasmas statt.
Längs der Plasmastränge und der Masse des Wandplas-
mas war nach der Grenze des Zellsaftes zu keine sich
optisch hervorhebende Schicht zu bemerken, die als Niederschlagsmembran bezeichnet werden könnte. Stärkekörner, die sich an einzelnen Stellen deutlich abhoben, waren ebenso wie die Pyrenoïde von
Reaction völlig frei. Wie bei Zygnema drang
auch in die Spirogyrenzellen das Reagenz von allen Seiten aus ein und in vielen Fällen herrscht hierbei eine
gewisse Gleichmässigkeit. Bei Endosmose der Eisensalze
durch die Längsmembran war die Regelmässigkeit des
Eindringens oft durch blaue Bögen kenntlich, die in der

Mitte der Zelle den kleinsten, an den Enden derselben den grössten Abstand von der umhüllenden Membran hatten. Fand das Reagenz seinen Weg vornehmlich von den Querwänden aus in das Innere, so schritt die Reaction im Zellsaft in ziemlich regelmässigen Kugelsegmenten vor. Gelegentlich dieser Fälle habe ich mit Bestimmtheit zu wiederholten Malen die Reaction in der Grenzmembran zweier Zellen feststellen können und schien mir sogar an einzelnen Stellen wenn auch nur auf sehr kurze Strecken das wandständige Protoplasma daran theilzunehmen. Plasmolysirte ich in solchen Fällen, so bewies die nun zurückbleibende blau tingirte Membran die Thatsache, dass während des Lebens der Zelle die Membran an diesen Stellen Gerbsäurereaction eingeht. Die Längswände zeigten sich frei von Reaction.

Einige Male beobachtete ich, dass durch ganze Zellenreihen hindurch fast ohne Unterbrechung bei **Spirogyra brevis** und **Spirogyra Braunii** die Gerbsäurereaction nur an den Enden der Zellen auftrat. Als Reagenz diente in diesem Falle Ferrum citrium ammoniatum. Die Tinction war gegen das Innere der Zelle sphaerisch abgeschlossen, an der Querwand selbst lag sie dicht an. Die Strömung war in allen Zellen eine lebhafte; Stärkekörner waren in geringer Zahl und Oeltropfen überhaupt nicht vorhanden. Besonders deutlich war bei Spirogyra Braunii an den Zellstofffalten der Querwände die Reaction sichtbar; die Zellen waren alle im starken Längenwachsthum begriffen.

Spirogyra condensata zeigte bei vielen Untersuchungen die Gerbsäurereaction in kleinen Bläschen ähnlich, wie ich sie bei Zygnema fand; hier aber fand ich dieselben

nicht am wandständigen, sondern nur am strängebilden-
den Protoplasma. Eine Ortsveränderung konnte ich nicht
bemerken. Einmal sah ich dicht nebeneinander 2 Bläschen, und als dieselbe Zelle mir später wieder ins Ge-
sichtsfeld gelangte, war an deren Stelle ein etwas grösse-
res Bläschen zu finden. Besonders günstig von den angewendeten Reagentien schienen mir die beiden citronensauren Eisenverbindungen zu sein. Ich möchte diesen einen
behutsameren Eingriff beim Eintritt der Reactionen zuschreiben, weil die Letzteren in den Zellen von ganz
hellblau zu dunkleren Tinctionen allmählich über-
gingen; hier blieben die Zellen auch am längsten am
Leben. So habe ich z. Z. Zygnema cruc. und subtile,
Spirogyra condensata und eine nicht bestimmte kleine
Spirogyra öfter 8—10 Tage in den Lösungen unter öfte-
rer Erneuerung derselben liegen lassen, ohne dass an
ihnen eine Abnormität zu beobachten gewesen wäre. Bei
einer solchen Gelegenheit schien mir öfter Reaction im
strömenden Protoplasma aufzutreten; ich verfolgte diese
Erscheinung und kann diesbezüglich Folgendes feststellen:
Spirogyra nitida und **setifornis** zeigten nach 4stün-
diger Behandlung mit den genannten Reagentien an
einzelnen Stellen der Stränge im Plasma eben hellblau
sich tingirende Portionen. Die Zellen waren völlig nor-
mal und die Strömung lebhafter als sonst.

Da die tingirten Plasmamassen, welche die ungefähre
Grösse des vierten Theils vom Zellkern hatten, aber
zu schwache Reactionen zeigten, liess ich das Reagenz
in grösseren Concentrationen wirken und verwendete
Verdünnungen von 1 : 5000 bis 1 : 2500; manchmal konnten auch Lösungen von 1 : 500 in Gebrauch genommen
werden, ohne dem Leben schädlich zu sein. Nachdem

die Zellen erst ungefähr ¹/₂ Stunde im offenen Gefäss mit den Reagentien in Berührung waren, kamen die Objecte unter Deckglas mit denselben Lösungen zur Beobachtung. Die Reactionen traten zwar nicht wie erwünscht gewesen wäre, häufig auf, sondern von den mehr als hundert Untersuchungen bestätigte nur ein sehr geringer Bruchtheil jene Reaction. Ich will diesen Fall von seinem Entstehen an näher erörtern:

Fast zur gleichen Zeit, in der in den Zellen die Gerbsäurereaction in Vacuolen sichtbar wurde, bemerkte ich an einzelnen Stellen des wandständigen Protoplasmas und der Plasmastränge das Auftreten hell bläulicher Stellen, deren Substanz in Bewegung war und trübes Aussehen zeigte. Jene Bewegung erfolgte mitunter von einem Plasmastrang zum anderen; an eine Regelmässigkeit schien sie aber nicht gebunden zu sein. Mit der Zeit wurde die Reaction deutlicher, d. h. in ihren Farbentönen dunkler, an anderen Stellen des Plasmas entstanden dann auch wohl neue Tinctionen; es konnte aber nicht festgestellt werden, ob mit dem Auftreten der Reaction auch die Bildung eines Trägers derselben Hand in Hand gehe. Gerbsäurereaction zeigende Bläschen wurden an diesen Stellen nicht beobachtet, es steht aber soviel fest, dass ein Theil protoplasmatischer Masse von deutlich blauer Reaction ergriffen wurde. Sehr oft konnte ich ein Abtrennen dieser Partikelchen bemerken, es war dann jene Reaction umschlossen von rein protoplasmischer, farbloser Substanz, die sich oft ziehend von einem Strang zum anderen bewegte, wobei sie die mannigfachsten Formungen durchzumachen hatte. Oft erfolgte Bewegung in der Masse selbst, als ob sie durcheinander

gerührt würde, die Reaction aber blieb immer im Inneren.
Der eigentliche Herd der Reaction war nicht regelmässig
begrenzt, sondern die bläuliche Tinction hatte manchmal
wellige oder zackige Begrenzung und schien es mir, als
wenn diese Aenderungen von der immerwährenden Bewegung und Ortsveränderung der sie umschliessenden Proto-
plasmasubstanz herrührte.

Ich habe solche Zellen bis zu ihrem Ableben beobachtet, das oft erst nach vielen Stunden erfolgte, eine
Aenderung der Reaction war bis dahin aber nicht zu bemerken.

De Vries (cf. 47.) hat bei seinen Experimenten, die mit
Eisenchlorid vorgenommen wurden, Gerbsäure im Protoplasma (l. c. p. 575. u. f.) nicht wahrnehmen können.

Pfeffer (cf. 32. p. 207 u. f.) weist darauf hin, dass
in der das Protoplasma durchtränkenden Flüssigkeit
Gerbsäure bisher noch nicht beobachtet wurde, und *Kler-
ker* (cf. 17.) spricht (l. c. p. 15. u. f.) seine Ansicht ähnlich aus. Dagegen erwähnen *de Seynes* (cf. 41. p. 191
bis 194.), *Loew und Bokorny* (cf. 22.), *Kutscher* (cf. 20.)
und *Möller* (cf. 20.), dass ihre Reactionen auf Gerbstoff
haltiges Protoplasma hinweisen. Es sind aber nicht alle
der zuletzt genannten Resultate durch Untersuchungen mit
lebenden Zellen gewonnen.

An einer kleinen, nicht näher bestimmten Spirogyra,
die gelegentlich anderer Untersuchungen über Nacht in
Eisencitratlösung verweilt hatte, war am Scheitel eines
zur Conjugation sich anschickenden Auswuchses im Zellsaft intensiv blaue Gerbsäurereaction eingetreten, der übrige
Theil der Zelle war davon frei.

Eine andere Erscheinung, die bei den Untersuchungen
gelegentlich bemerkt wurde, soll hier noch Erwähnung
finden:

Ich fand öfter Spirogyra-Fäden von kleinen Schmarotzern besetzt, ähnlich wie *Kützing* dies für Mougeotia Tafel 1, Band V. angiebt. An diesen Stellen entstand sehr häufig mit Eisencitrat eine blaue Reaction ähnlich den schon früher erwähnten kleinen Bläschen. Für diese Fälle liegt die grösste Wahrscheinlichkeit vor, dass diese Reaction in der Membran localisirt ist, bei wiederholter Plasmolyse war eine Ortsveränderung derselben nicht zu bemerken.

Mesocarpus zeigte (in einer nicht bestimmten Art) nach Behandlung mit beiden citronensauren Eisensalzen Gerbsäurereaction in Vacuolen an, ein Niederschlag war innerhalb derselben nicht zu erkennen. Bei Glycerin-Plasmolyse konnte für 2 Fälle eine Verschmelzung der Vacuoleninhalte beobachtet werden. Die Membranen nach den benachbarten Zellen zu zeigten öfter deutliche Färbung und nicht immer war zu gleicher Zeit auch Reaction im Zellsaft zu beiden Seiten der Querwände entstanden, der Reaction gebende Körper schien in vereinzelten Zellen nur an einer Seite im Zellsaft gelöst zu sein.

Materialmangels wegen mussten die weiteren Versuche aufgegeben werden.

Ein in grösserer Menge zur Verfügung stehendes **Desmidium Swartzii** wurde ebenfalls zur Untersuchung gezogen und zeigte besonders mit Eisenchloridlösung schöne Reaction. Nach 2½stündigem Verweilen im Reagenz war der Zellsaft deutlich blau tingirt, und besonders schön trat die Reaction in der Nähe der drei Ecken ein, von derjenigen Seite aus betrachtet, mit der ein Fadenglied mit den nächst benachbarten Zellen zusammenhängt. Mehrere Male konnte festgestellt werden, dass die Reaction in Vacuolen entstanden war; bei Glycerin-Plasmolyse wurde die Vacuolenwandung gesprengt und darauf der ganze Zellsaft gleichmässig blau tingirt.

Protococcus viridis ging besonders deutliche Gerbsäurereaction mit Eisenchlorid und den genannten citronensauren Eisenverbindungen ein. Der Zellsaft schien in allen Fällen gleichmässig vertheilte Färbungen anfzuweisen. Bei Plasmolyse mittelst Glycerin und Reagenz zu gleicher Zeit trat auch in dem Raum zwischen contrahirtem Plasma und Membran Reaction auf.

Bei einigen Arten der nachstehenden Algen von: **Cladophora, Conferva, Draparnaldia, Oedogonium** und **Vaucheria** trat nicht immer Gerbsäurereaction auf. Cladophora ging in keinem der zur Untersuchung gezogenen Fälle Reaction ein. Die übrigen Algen zeigten dieselbe nur hin und wieder, selbst an ein und demselben Faden war das Erscheinen der Reaction unregelmässig; dort aber, wo sie auftrat, befand sie sich im Zellsaft.

Alle diese Algenzellen bieten jedoch ein lange nicht so günstiges Untersuchungsfeld, als die Zellen der Zygnemen und Spirogyren.

Am Schlusse dieses Abschnittes möge noch folgende Beobachtung Erwähnung finden:

Wurden Zygnemen- und Spirogyren-Zellen im diffusen Tageslicht und unter sonst normalen Verhältnissen tagelang mit Ferrum citricum oxydatum-Lösung behandelt, die nicht mit NH_3 neutralisirt wurde und zwar in Concentrationen, die zwischen 1 : 6000 bis 1 : 10000 für die einzelnen Fälle schwankten, so erregte das sehr oft mit der Zeit stattfindende Verschwinden der Gerbsäurereaction meine Aufmerksamkeit. Zellen, die bei Beginn der Reaction deutlich Tinctionen zeigten, liessen, später wieder zur Beobachtung herangezogen, davon keine

Spur mehr erkennen. Der Zellinhalt zeigte — allgemein betrachtet — keine abnorme Beschaffenheit, immer aber war eine äusserst lebhafte Plasmaströmung bemerkbar und an den Enden der Zellen zeigten die in Vacuolen befindlichen kleinen Körperchen rasche Bewegung*). Wurden nun unter Deckglas durch vorsichtiges Bespülen mit Kaliumhydroxyd 1 : 10000 die Zellen in alkalischer Lösung gehalten, so gelangte ganz allmählig der Eintritt der Gerbsäurereaction wieder zur Anschauung. In diesen Momenten wurde sofort die Alkalilösung durch Brunnenwasser ersetzt, um durch allzu langes Einwirken derselben dem Leben der Zelle nicht zu schaden; trotzdem aber war doch schon soviel Kaliumhydroxyd in die Zelle gedrungen, dass die Deutlichkeit der Reaction immer mehr zunahm. Das Reagenz war somit durch das lange Verweilen der Algen in demselben in die Zelle aufgenommen worden, im Anfang auch wohl mit jenen die Reaction bedingenden Körpern sichtbare Verbindung eingegangen, die hierbei aber immer frei werdende Citronensäure verursachte im Zellsaft schliesslich eine so erhebliche Acidität, dass die entstandene Verbindung (Gerbsäurereaction) wieder unsichtbar gemacht wurde. Durch Entfernung der eben genannten Ursache mittelst Neutralisation durch Kaliumhydroxyd trat sofort jene characteristische Gerbsäurereaction wieder auf.

Also auch in der lebenden Zelle verhindert abnorm vorhandene Acidität die Entstehung der Gerbsäurereaction gerade so, wie dies makrochemisch der Fall ist, und bereits an anderer Stelle schon bemerkt wurde.

Gerbsäurereaction bei Phanerogamen.

Was nun die Untersuchungen über das Auftreten der Gerbsäurereaction bei den Phanerogamen betrifft, so sind

*) Brown'sche Molekularbewegung.

3*

dieselben von weniger günstigem Erfolg gewesen. Die Pflanzen wurden nach erfolgter Keimung in denselben Reagentien gezogen, wie sie bei den Algen in Anwendung kamen.

Die einzelnen Zellschichten der Schnitte erschwerten aber offenbar das Vordringen des Reagenz' in die darunter liegenden Gewebetheile. Aehnliches ist auch schon von anderer Seite beobachtet worden.

Cruciferae. Um das Auftreten der Gerbsäurereaction bei einigen Pflanzen dieser Familie beobachten zu können, wurden dieselben in Nührflüssigkeit aus Saamen gezogen und Schnitte aus Wurzeln und Sprosstheilen in verschiedenen Wachsthumsperioden mit genannten Reagentien zur Untersuchung gezogen. Es war in allen Fällen bei Cruciferen keine Gerbsäurereaction wahrzunehmen, trotzdem die Objecte oft tagelang den Wirkungen der Chemikalien ausgesetzt wurden.

Zur Untersuchung gelangten:
Alyssum petraeum Ard.; Arabis alpina L.; Biscutella laevigata L.; Brassica Napus L.; Brassica Rapa L.; Camelina sativa Crntz.; Cochlearia officinalis L.; Crambe filiformis L.; Diplotaxis muralis DC.; Erysimum canescens Rth.; Erysimum praecox Sm.; Hesperis matronalis L.; Iberis amara L.; Kernera saxatilis Rchb.; Lunaria rediviva L.; Neslea paniculata Desv.; Sinapis alba L.; Sinapis nigra L.; Sisymbrium austriacum Isq.; Thlaspi arvense L. und Vesicaria utriculata L.

Abnahme der Gerbsäurereaction.

Die Thatsache, dass in der Literatur, welche weiter unten betrachtet werden soll, hier und da Stimmen laut

werden, die den Einfluss der verschiedenen Ernährungs-
oder Beleuchtungsverhältnisse auf die Gerbsäure-Production
in den Pflanzen betonen, gaben mir Veranlassung, diese
Verhältnisse einer näheren Untersuchung zu unterziehen.
Was nun die erwähnten Ernährungs- und Beleuchtungsverhältnisse anbetrifft, die den Untersuchungen zu
Grunde gelegt wurden, so möge bemerkt werden, dass die
Untersuchungsobjecte portionenweise in eine genügend grosse
Menge Flüssigkeit von weiter unten zu erwähnender Zusammensetzung cultivirt wurden und zwar bei Luftzu-
tritt, in diffusem Tageslicht, im Halbdunkel
und im Volldunkel. Diese Versuche erfuhren insofern
noch eine Erweiterung, als sie einerseits bei mittlerer
(15° — 20° C.) Zimmertemperatur, andererseits
aber auch bei successiv gesteigerten Temperaturen im constanten Dampfbade zur Ausführung gelangten.

Die Culturflüssigkeiten bestanden aus Lösungen, die
auch in neuerer Zeit von *Loew und Bokorny* zu gleichem
Zwecke schon verwendet wurden (cf. 23.), der Salze: Na-
triumnitrat, Kaliumnitrat, Natriumsulfat
und Magnesiumsulfat 1°/oo in destillirtem
Wasser. Die nach der Einwirkung oben genannter Verhältnisse erfolgte Prüfung über das Auftreten der Gerbsäurereaction geschah mit den früher citirten Eisensalzen
aber in grösseren Concentrationen als sonst, da dieselbe
unter Deckglas vorgenommen wurde.

Die Zusammensetzung der Reagentien war folgende:

Eisencitrat,	1:500, 1:1000, 1:1500 und 1:2000,
Eisenammoncitrat,	dto.
Eisenchlorid,	dto.
Ferrosulfat,	dto.
Ferrisulfat	dto.

und zwar wurden von diesen Concentrationen bei den einzelnen Fällen immer die speciell am günstigsten wirkenden gewählt. Die Beurtheilung, ob in einzelnen Zellen eine Abnahme der Gerbsäurereaction wahrzunehmen sei, geschah unter dem Mikroskop nach optischer Schätzung. In folgenden Tabellen sollen die Ergebnisse der Experimente übersichtlich dargestellt werden.

Aus Tabelle I. geht hervor, dass eine bemerkbare Abnahme der Gerbsäurereaction bei diffusem Tageslicht nicht bemerkbar war; für einige Fälle musste die Abnahme der Reaction als fraglich hingestellt werden.

Aus Tabelle II. dagegen ist ersichtlich, dass die Gerbsäurereaction im Allgemeinen im Halbdunkel abnimmt und zwar in denjenigen Lösungen, welche Kaliumnitrat und Magnesiumsulfat enthalten; die Intensität der Abnahme gegenüber den anderen Lösungen ist durch die Resultate der Abtheilungen: 5, 7, 9, 13 und 15 angezeigt. Es muss also beiden genannten Salzen eine ziemlich gleiche Wirkung zugeschrieben werden, denn diejenigen Spalten, welche Kaliumnitrat und Magnesiumsulfat neben den anderen Salzen enthalten — also Abtheilung 5 und 13 — deuten schon auf Abnahme der Reaction hin, während in den Fällen, wo jene Salze garnicht enthalten sind — Abtheilung 4, 8 und 12 — keine Veränderung zu constatiren war. In dem Masse, in welchem die Lösungen dem ausschliesslichen Gehalte an Kaliumnitrat und Magnesiumsulfat näherkommen — Abtheilung: 13, 5, 15, 7 und 9 — kann auch die Abnahme der Gerbsäurereaction beobachtet werden, sodass schliesslich die Spalten 7, 15 und 9 die sichere Abnahme der Gerbsäurereaction angeben.

Tab. I.

In diffusem Tageslicht bei 15°—20° C.

Concentration der Culturflüssigkeit: 1 ‰.

Die Beobachtung erfolgte nach 3×24 Stunden.

Na NO₃ K NO₃ Na₂ SO₄ Mg SO₄	Na NO₃ K NO₃ Na₂ SO₄	Na NO₃ K NO₃	Na NO₃	K NO₃ Na₂ SO₄ Mg SO₄	Na₂ SO₄ Mg SO₄	Mg SO₄	Na NO₃ Na₂ SO₄	K NO₃ Mg SO₄	Na NO₃	K NO₃ Na₂ SO₄	Na₂ SO₄	Na NO₃ K NO₃ Mg SO₄	Na NO₃ Na₂ SO₄ Mg SO₄	K NO₃
keine Abnm.	keine Abnm.	keine Abnm.	keine Abnm.	keine Abnm.	keine Abnm.	keine Abnm.	keine Abnm.	Abnm. fragl.	keine Abnm.	keine Abnm.	keine Abnm.	keine Abnm.	keine Abnm.	keine Abnm.
keine Abnm.	keine Abnm.	keine Abnm.	keine Abnm.	keine Abnm.	keine Abnm.	keine Abnm.	keine Abnm.	keine Abnm.	keine Abnm.	keine Abnm.	keine Abnm.	keine Abnm.	keine Abnm.	keine Abnm.
Abnm. fragl.	keine Abnm.	keine Abnm.	keine Abnm.	keine Abnm.	keine Abnm.	keine Abnm.	keine Abnm.	Abnm. fragl.	keine Abnm.	keine Abnm.	keine Abnm.	keine Abnm.	keine Abnm.	keine Abnm.
keine Abnm.	keine Abnm.	keine Abnm.	keine Abnm.	keine Abnm.	keine Abnm.	keine Abnm.	keine Abnm.	keine Abnm.	keine Abnm.	keine Abnm.	keine Abnm.	keine Abnm.	keine Abnm.	keine Abnm.
keine Abnm.	keine Abnm.	keine Abnm.	keine Abnm.	keine Abnm.	keine Abnm.	Abnm. fragl.	keine Abnm.	keine Abnm.	keine Abnm.	keine Abnm.	keine Abnm.	keine Abnm.	keine Abnm.	keine Abnm.
1	2	3	4	5	6	7	8	9	10	11	12	13	14	15

Tab. II.

Im Halbdunkel bei 15°—20° C.

Concentration der Culturflüssigkeit: 1 ‰.

Die Beobachtung erfolgte nach 3×24 Stunden.

Untersuchungs- bjecte:	Na NO₃ K NO₃ Na₂ SO₄ Mg SO₄	Na NO₃ K NO₃ Na₂ SO₄	Na NO₃ K NO₃	Na NO₃	K NO₃ Na₂ SO₄ Mg SO₄	K NO₃ Na₂ SO₄	K NO₃	Na NO₃ Na₂ SO₄	K NO₃ Mg SO₄	Na NO₃ Mg SO₄	K NO₃ Na₂ SO₄	Na₂ SO₄	Na NO₃ K NO₃ Mg SO₄	Na NO₃ Na₂ SO₄ Mg SO₄	K NO₃
...neuma ...ne.	keine Abnm.	keine Abnm.	keine Abnm.	keine Abnm.	Abnm. fragl.	keine Abnm.	keine Abnm.	keine Abnm.	keine Abnm.	Abnm. fragl.	keine Abnm.	keine Abnm.	Abnm. fragl.	keine Abnm.	keine Abnm.
...ogyra ...tif.	Abnm. fragl.	Abnm. fragl.	keine Abnm.	keine Abnm.	Abnm. fragl.	keine Abnm.	keine Abnm.	keine Abnm.	Abnm.	keine Abnm.	keine Abnm.	keine Abnm.	Abnm. fragl.	Abnm. fragl.	Abnm.
...ogyra ...aunii	Abnm. fragl.	keine Abnm.	keine Abnm.	keine Abnm.	Abnm. fragl.	keine Abnm.	keine Abnm.	keine Abnm.	Abnm.	Abnm. fragl.	Abnm. fragl.	keine Abnm.	Abnm. fragl.	keine Abnm.	Abnm. fragl.
...ogyra ...ndens.	keine Abnm.	keine Abnm.	Abnm. fragl.	keine Abnm.	Abnm.	Abnm. fragl.	Abnm. fragl.	keine Abnm.	Abnm.	keine Abnm.	Abnm. fragl.	keine Abnm.	Abnm.	keine Abnm.	Abnm.
...heilung:	1	2	3	4	5	6	7	8	9	10	11	12	13	14	15

Tab. III.

Im Volldunkel bei 15° bis 20° C.

Concentration der Culturflüssigkeit: 1 ‰.

Die Beobachtung erfolgte nach 3×24 Stunden.

Na NO₃ K NO₃	K NO₃ Na₂SO₄ Na₂SO₄ Mg SO₄ Mg SO₄	Na₂SO₄ Na₂SO₄ Mg SO₄ Mg SO₄	K NO₃ Na₂SO₄ Mg SO₄	Na NO₃ K NO₃ Mg SO₄	Na NO₃ Na₂SO₄ Mg SO₄	Na NO₃	K NO₃ Na₂SO₄	Na NO₃ Na₂SO₄	K NO₃ Mg SO₄	Na₂SO₄ Mg SO₄
Abnm.	Abnm.	Abnm.	keine Abnm.	Abnm.	keine Abnm.	Abnm.	Abnm. fragl.	keine Abnm.	Abnm.	keine Abnm.
keine Abnm.	Abnm.	Abnm. fragl.	keine Abnm.	Abnm. fragl.	keine Abnm.	Abnm. fragl.	Abnm. fragl.	keine Abnm.	Abnm.	keine Abnm.
Abnm.	Abnm. fragl.	Abnm. fragl.	keine Abnm.	Abnm.	keine Abnm.	Abnm.	Abnm.	keine Abnm.	Abnm. fragl.	keine Abnm.
Abnm. fragl.	Abnm. fragl.	keine Abnm.	keine Abnm.	Abnm.	Abnm.	Abnm. fragl.	Abnm.	keine Abnm.	Abnm. fragl.	keine Abnm.

Die Angaben der Tabelle III. bestätigen diejenigen der Tabelle II. in noch erhöhtem Masse. Die Intensität der Abnahme der Gerbsäurereaction ist am stärksten, wenn Kaliumnitrat und Magnesiumsulfat allein gelöst werden und wächst auch hier in dem Masse, als sich die Lösungen dieser Zusammensetzung nähern, sodass wieder die Abtheilungen 7, 9 und 15 die grösste Abnahme zeigen. Aus der letzten Tabelle ist im Vergleich zu Tabelle II. ersichtlich, dass die Abnahme der Gerbsäurereaction auch mit der vermehrten Entziehung des Lichtes wächst.

Ob höhere Temperaturen einen Einfluss auf die Abnahme der Gerbsäurereaction haben, möge in der nachfolgenden Zusammenstellung zur Anschauung gebracht werden. Bei Behandlung der Algenzellen im Dampfbade in diffusem Tageslicht traten ähnliche Resultate auf, wie sie in Tabelle I. angegeben wurden; es scheint somit, dass mit einer Erhöhung der Temperatur unter normalen Beleuchtungsverhältnissen keine Abnahme der Gerbsäurereaction verbunden ist. Tabelle IV. giebt desshalb eine Uebersicht, wie sich die Abnahme jener Reaction bei einer Erhöhung der Temperatur um je 5° C. verhält. Es sind die Beobachtungen in Tabelle IV. im Durchschnitt angegeben insofern, als eine Reihe von Versuchen in der Weise angestellt wurden, dass mit der Erhöhung der Temperatur bei 15° C. begonnen und hierbei die erste Beobachtung, bei 20° C. nach 2 Stunden die zweite, bei 25° C. wieder nach 2 Stunden die dritte und endlich bei 30° C. abermals nach 2 Stunden die letzte Beobachtung gemacht wurde. Bei 30° C. wurde mit der weiteren Steigerung der Temperatur abgebrochen, weil in höheren Temperaturen deutliche Einbusse der Lebensthätigkeiten bemerkbar wurde. Eine constante Einwirkung von 30° C. kam ausser obigen Versuchen noch einmal während 8 Stunden zur Anwendung, es ergaben sich hierbei aber nicht wesentliche Unterschiede.

Tab. IV.

Im Volldunkel im Dampfbade von 15°—30° C. Durchschnitt.

Concentration der Culturflüssigkeit: 1‰.

Salze	1	2	3	4	5	6	7	8	9	10	11	12	13	14	15
	Na NO_3, K NO_3, Na SO_4, Mg SO_4	Na NO_3, K NO_3, Na SO_4	Na NO_3, K NO_3	Na NO_3	K NO_3, Na SO_4, Mg SO_4	Na SO_4, Mg SO_4	Mg SO_4	Na NO_3, Na SO_4	K NO_3, Mg SO_4	Na NO_3, Mg SO_4	K NO_3, Na SO_4	Na SO_4	Na NO_3, K NO_3, Mg SO_4	Na NO_3, Na SO_4, Mg SO_4	K NO_3
	Abnm. fragl.	Abnm. fragl.	Abnm. fragl.	keine Abnm.	Abnm.	Abnm.	Abnm.	keine Abnm.	Abnm.	Abnm. fragl.	Abnm.	keine Abnm.	Abnm.	Abnm. fragl.	Abnm.
	Abnm.	Abnm. fragl.	Abnm.	keine Abnm.	Abnm.	Abnm. fragl.	Abnm.	keine Abnm.	Abnm.	keine Abnm.	Abnm.	keine Abnm.	Abnm.	keine Abnm.	Abnm.
	keine Abnm.	keine Abnm.	Abnm. fragl.	keine Abnm.	Abnm. fragl.	Abnm. fragl.	Abnm. fragl.	Abnm. fragl.	Abnm.	Abnm.	Abnm. fragl.	Abnm. fragl.	Abnm. fragl.	Abnm. fragl.	Abnm. fragl.

Eine Gerbsäurereactionsabnahme zeigen wieder diejenigen Abtheilungen, welche an Kaliumnitrat und Magnesiumsulfat reich sind und besonders tritt dies deutlich hervor in den Abtheilungen: 5, 7, 9, 11, 13 und 15. Es walten somit hier analoge Fälle ob, wie sie in Tabelle III. zum Ausdruck kamen.

Immerhin scheint einen entschiedenen Einfluss ein Schwanken der Temperatur zwischen 15° und 30° C. auf die Gerbsäurereaction nicht zu haben.

Historisches.

In Nachstehendem sollen die Arbeiten über Vorkommen von Gerbstoff zur Erwähnung kommen; es werden deshalb alle Schriften angegeben, welche sowohl über das Vorkommen des Gerbstoffes in lebenden als in todten Pflanzentheilen Angaben enthalten:

Mit dem Jahre 1847 werden uns die ersten Mittheilungen über den mikrochemischen Nachweis von Gerbstoff im Pflanzenkörper gemacht, und zwar giebt *Karsten* (cf. 14. p. 139.) sein Vorkommen in den Zellen der Wurzelhaube und dem Rindenparenchym von Iriartea an; er characterisirt den Gerbstoff hier als eisengrünend. Nach 10 Jahren erfahren wir von demselben Forscher (cf. 15.) weitere Angaben, bei denen die Frucht von Musa sapientum das Untersuchungsobject abgiebt. Dort (l. c. p. 74.) erwähnt der Verf., dass im klaren Saft durchsichtige Bläschen schwimmen, die mit Eisenchlorid blaue Gerbsäurereaction geben. Hier werde Gerbsäure mitten in den stärkemehlhaltigen Geweben gebildet „und zwar in einem nicht der Verwesung anheimgegebenen Pflanzen-

theil", sondern in noch in der Entwicklung begriffenen
Theilen, in denen während des Lebensprocesses Gerbsäure und Stärke durch Gummischleim und Zucker ersetzt
werde. Gerbsäure sei auch nie frei in den Pflanzen zu
finden, sondern (l. c. p. 80.) sei an durch Säuren gerinn-
bare Körper in der Zelle gebunden. *Th. Hartig* deutet
in seiner Arbeit (cf. 9. p. 68.)
die Anwesenheit des Gerbstoffes in Zellen an und spricht
die Ansicht aus (cf. 10. p. 53.), dass derselbe in den
Holzpflanzen an einen Träger gebunden sei, der mit dem
Stärkemehl oder dem Grünmehl (Chlorophyll) sowohl in
Form, als in Grösse und Färbung die grösste Aehnlich-
keit besitze. Dieser Körper soll „hüllhäutig" und der
Selbsttheilung fähig sein; sein Wachsthum geschehe durch
Intussusception und sei im „Ptychoderaum des doppel-
häutigen Zellschlauches lagernd". Diese Träger bezeichnet
Verf. mit „Gerbmehl" und dieses unterscheide sich vom
Grünmehle, Stärkemehl und von den Cellulosekörnern nur
durch seine Löslichkeit in kaltem Wasser und seine
Reactionen auf die Salze schwerer Metalle; mit dem
Stärkemehl jedoch theile es dieselbe Jodreaction. Diesen
Körper nennt Verf. „körniges Gerbmehl". Das „amorphe
Gerbmehl" sei ein Uebergang des körnigen G. in eine
glasige Substanz, wobei eine Sonderung in Eisen reagirende
und Eisen nicht reagirende Substanz eintreten kann.
Dieses amorphe G. zeige keine Jodreaction. An anderer
Stelle giebt Verf. für das Gerbmehl krystallinische Structur
an und glaubt (cf. 11. p. 237.) annehmen zu müssen,
dass das Gerbmehl auch Träger von Pflanzenstoffen aus
der Gruppe der Farbstoffe, der Alkyle und Alkaloïde sei.
— Später stellt Verf. (cf. 12. p. 9.) Tannin als Reserve-
bildungsstoff hin und spricht (l. c. p. 12.) von Umbil-
dung desselben in Gummi, Zucker und Proteinverbin-

dungen. Während des Keimungsprozesses werde er ver-
flüchtigt und komme, gemischt mit Lösungen anderer Reservestoffe während des Sommers beim Zuwachs von Holz,
Bast, Trieben, Blättern, Blüthen und Früchten wahrscheinlich ohne Rückstand zur Verwendung.

A. *Wiegand* findet den Gerbstoff vorzugsweise (cf.
52.) in den Holzpflanzen und den perennirenden Kräutern,
seltener bei einjährigen Pflanzen; bei den Dikotyledonen,
sagt Verf. (l. c. p. 121.), sei Gerbstoff häufiger zu finden,
als bei den Monokotyledonen und Kryptogamen. Frei
von Gerbsäure sei kein Gewebe, vorzüglich aber finde er
sich in den lebendigsten Gewebetheilen, und zwar sei
er erst im Zellsaft gelöst, die Membran werde erst später
durchdrungen. Während des Lebens der Zelle trete Gerbsäure zuerst und am reichlichsten im cambialen Gewebe
auf, dort aber, wo der Gerbstoffgehalt periodischem
Wechsel unterworfen sei, falle das Maximum desselben
in die Vegetationszeit, das Minimum in die Ruhezeit.
Die Gerbstoff-Erzeugung stehe im engsten Zusammen-
hange mit der grössten Intensität des Lebens, aber im
Allgemeinen fehle er mit wenigen Ausnahmen im em-
bryonalen Zustand. In den Früchten verschwinde der
reichlich vorkommende Gerbstoff erst mit der Reife, an
dessen Stelle trete dann der Zucker. Daher glaubt Verf.
auch an einen Uebergang von Gerbsäure in Zucker. Der
Gerbstoff gehöre „im Gegensatz zum Stärkemehl, welches
sich als Reservestoff in den Ruhezeiten der Vegetation
bildet, im Allgemeinen in die Reihe der flüssigen, activen,
die bildende Thätigkeit bedingenden Stoffe, obgleich er in
gewissen Fällen auch als Reservestoff zu fungiren" scheine.
Dass Gerbsäure aber auch (l. c. p. 123. u. f.) als Chro-
mogen aufzufassen sei, ist Verf. nicht abgeneigt anzu-
nehmen.

Sachs theilt uns (cf. 36. p. 245. u. f.) mit, dass der
ruhende Keim (Dattel) frei von Gerbstoff sei, bei beginnender Keimung jedoch trete er im jungen Parenchym
auf. Bei etwas vorgerücktem Wachsthum fänden sich
die Gerbstoff führenden Zellen „in der Cotyledonenscheide,
der Wurzel, dem Stammknoten und den Blättern unregelmässig zerstreut", aber „vorzüglich in der nächsten Um-
gebung der Gefässbündel und unter der Oberhaut". Verf.
hält Gerbstoff mehr für ein Excret und *Wiegand's* Ansicht (l. c. 52.), Gerbstoff mit den Bildungsstoffen zu
vergleichen scheint ihm zweifelhaft, da Gerbstoff „bei
beginnender Entwicklung in den Organen der Keimpflanze"
entsteht, dann aber keine weitere Verwendung finde, „sich
also gerade umgekehrt verhält, wie die eigentlichen Bil-
dungsstoffe".
Sanio behauptet (cf. 37. p. 17.), dass der Gerbstoff
nur im Zellsaft gelöst sich vorfinde, Membran und Primordialschlauch seien frei davon.
Naegeli und *Schwendener* sind (cf. 27. und 28.) der
Ansicht, dass für Gerbstoff während des Lebens der Zelle
keine Diosmose (l. c. p. 491. u. f.) unter normalen Verhältnissen stattfindet; Verf. legen frische Schnitte der
Rinde von Quercus und Populus in Fe_2Cl_6, wobei in
der Membran keine Reaction auftritt. Dagegen kann eine
solche herbeigeführt werden, wenn Schnitte stundenlang
in Wasser gelegen haben, es dringt dann der Gerbstoff
durch den Primordialschlauch in die Membran. Gerbstoff
kann aber auch in concentrirter, öliger Form in den
Zellen vorkommen, welcher dann von einer protoplasmatischen Haut umschlossen sei; diese Form könne mit
Hartigs amorphem Gerbmehl übereinstimmen. *Hartigs*
Ansicht (cf. 10.) über sein körniges Gerbmehl aber stellen
Verf. in Abrede, indem sie experimentell klarlegen, dass

dies nichts anderes (l. c. p. 493.) als Stärke mit aufgenommener Gerbstofflösung sei, und die aufgefundenen kristallinischen Gerbstoffmodificationen halten Verf. für die monoklinische Form von Calciumoxalat. Dass sich öfter zwei verschiedene Arten von Gerbstoff in derselben Zelle vorfinden können, glauben Verf. (l. c. p. 494.) durch die Verschiedenartigkeit der Reactionstöne mit Eisensalzen documentirt zu sehen. Bei Vinca z. B. trete in rothen Zellen erst violette, dann in spangrün übergehende Reaction auf, die zuletzt einen blauen Ton annehme. Diese Uebergänge glauben Verf. der Anwesenheit verschiedenartiger Gerbstoffe zuschreiben zu müssen. Dass die Membran von Spirogyren grosse Affinität zu Gerbstoff besitzen, wollen die Verfasser dadurch beweisen, dass sie diese in verdünnte Gerbstofflösung legen und in deren Membran dann mit Eisenchlorid Reaction hervorrufen.

A. Vogl spricht (cf. 46. p. 181.) die Ansicht aus, dass entweder Stärkemehl in Gerbmehl umgewandelt werden könne (Spiraea), oder dass die Gerbmehlkörner aus einem Gemenge von Gerb- und Stärkestoff bestehen. Für Saxifraga crassifol. und Sanguisorba off. giebt Verf. das Vorkommen des Gerbstoffes in der Zellmembran an und zwar nicht allein für die innerste Zellwandschicht, sondern auch für die primäre Zellmembran. Ob aber hier Gerbstoff, Infiltrat oder Zellmembran bildender Stoff sei, lässt Verf. dahingestellt.

Trécul spricht sich mehrfach (cf. 44. p. 274. u. f. und 45. p. 1035.) dahin aus, dass sowohl Stärkekörner wie Zellhäute von Gerbstoff durchtränkt sein können.

Wolf tritt mehrfach (cf. 53.) den von *Hartig* aufgestellten Ansichten entgegen und stellt dessen Gerbstoffträger als mit Gerbsäurelösung imprägnirte Stärke hin. Verf. glaubt auch, dass Gerbsäure in flüssiger nicht

in (Hartigs) körniger Form entstehe und stellt ihn dess-
halb nicht in die Gruppe der organisirten Reservestoffe.
Gerbstoff bilde sich beim Erwachen der Vegetation und
betheilige sich dann nicht mehr am Stoffwechsel oder der
Gewebebildung. *Engler* weist (cf. 7. p. 888.) auf das Vorkommen
von Gerbstoff in Schlauchzellen bei Saxifragen etc. hin
und findet denselben (l. c. p. 889.) namentlich auch im
Gefässbündelsystem der Stengel und Blätter.
Pfeffer findet (cf. 31. p. 12. bis 17.) im Zellsaft der
Zellen von Salix, Betula, Alnus, Quercus und Mimosa
Gerbstoffkugeln und ist der Ansicht, dieselben seien nach
Art der Traube'schen Gebilde von einer Niederschlagsmembran umgeben. Später giebt (cf. 32. p. 187.) Verf.
als Mitbestandtheil der im Plasma vorkommenden Gerb-
stoffbläschen die Gerbsäure an; sind in diesen noch Eiweissstoffe gelöst, so können bei Concentration des In-
haltes (l. c. p. 189.) durch Zugabe von Methylenblau (l. c.
p. 231.) Füllungen mit Gerbsäure stattfinden. „Wenigstens
(l. c. p. 239.) in den näher untersuchten Pflanzen besteht
dieser Niederschlag wesentlich aus gerbsaurem Eiweiss,
welcher im sauren Zellsaft gelöst war und durch Zutritt
von Ammoncarbonat oder anderen Alkalien ausgefällt
wird." (Spirogyra.) Gerbsäure, theilt Verf. ferner (p.
207.) mit, wurde bisher „in keinem Falle in der das
Protoplasma durchtränkenden Flüssigkeit beobachtet, denn
von dieser sind die Gerbsäurebläschen separirt", und
können dem Plasma eingebettet sein. Letztere findet er
bei Zygnema cr. (l. c. p. 216. u. f.) ausser im strömenden
Protoplasma und an diesen adhärirend noch um den Zellkern. Bei Mesocarpus fand Verf. an den Chlorophyll-
platten Gerbsäurebläschen. Hatte Zygnema cr. Ag. während 12 Tagen im Dunkeln verweilt, so (l. c. p. 218.)

konnte keine Abnahme der Gerbsäurebläschen beobachtet
werden; das Gleiche gilt von Oedogonium nach 17tägi-
ger Lichtentziehung. Die Gerbstoffballen (l. c. p. 247.)
hält Verfasser für durch Entmischung aus dem Zellsaft entstanden. Gemäss den chemischen Eigenschaften der Gerbstoffe deutet Verfasser (l. c. p. 310. u. f.) an, dass diese
wohl Bindungsstoffe für andere Körper sein mögen, die
dann vielleicht unter veränderten Verhältnissen wieder
abgegeben würden. Beachtenswerth für diesen Punkt
sei das Vorkommen der Gerbsäure in assimilirenden Geweben und in den Wanderungsbahnen der assimilirten
Stoffe. Es wäre möglich, dass die Eiweissstoffe ihren aro-
matischen Kern der Gerbsäure entnähmen.

De Seynes constatirt Gerbstoff (cf. 41. p. 191—194.)
in der protoplasmatischen Substanz der Zellen.

Schell erörtert (cf. 38. p. 872.), dass der in den
Zellen in Lösung vorkommende Gerbstoff vermöge seiner
osmotischen Eigenschaften auch die Zellenmembrane
durchtränke.

Cerletti theilt mit, dass der Saft der Weintrauben (cf. 5.
p. 223.) sehr gerbsäurehaltig sei und zwar komme der Gerbstoff gelöst und ausgeschieden vor; die Schalen selbst findet er mit einer körnigen Gerbstoffausscheidung durchsetzt.

Oser constatirt auf Grund seiner Untersuchungen
und tabellarischer Zusammenstellung, dass (cf. 29. p. 171.)
der Gerbstoff der Pflanzen in den Theilen, die in hoher
Entwicklung begriffen sind, — so z. B. in den Knospen —
bedeutend grösser ist, als z. B. in den Zweigen.

Petzold arbeitet zwar (cf. 30.) mit lebenden Zellen,
durch seine Behandlung mit Kaliumbichromat müssen dieselben aber absterben. Verfasser theilt mit, dass der in
kugeliger Form erhaltene Niederschlag durch sein Reagenz
von Stärke durchsetzt war. Die Membran fand Verfasser
gewöhnlich ohne Gerbsäurereaction.

Loew und Bokorny weisen Gerbstoffe (cf. 22. p. 42) in variablen Mengen bei verschiedenen Algen nach, z. B. bei Spirogyra nitida Weberi u. A. und bemerken bei längerer Züchtung unter N-Zufuhr langsame Abnahme des Gerbstoffes. Bei Zygnema cr. Ag. weisen sie neben Eisen bläuenden Gerbstoff noch zwei andere Körper nach, einen dem Morin und der Moringerbsäure nahestehenden Gerbstoff; sie erhielten aus circ. 150,0 g Trockensubstanz durch Ausziehen mit Alkohol 0,4 g von letzterem. In Sphaeroplea annulina, Oedogonium, Cladophora und vielen Diatomeen konnten die Verfasser (l. c. p. 43.) keinen Gerbstoff nachweisen. Spirogyren-Zellen, theilen die Verfasser (l. c. p. 44.) mit, die durch 1 % Citronensäure getödtet wurden, zeigten erst dann mit Eisensulfat eine Reaction, wenn dieselben mit sehr verdünnter Kalilauge kurze Zeit in Berührung waren; deshalb kommen die Verfasser zur Annahme, dass Gerbsäure in diesen Fällen „nicht als solche, sondern in einer Verbindung mit einer Base vorhanden ist — wahrscheinlich mit Kalk." „Das beim Absterben einen sauren Character annehmende Protoplasma", wird ferner (l. c. p. 48.) angeführt, „entzieht die Base und die freie Gerbsäure verbindet sich nun mit dem coagulirten Eiweiss." In einer neueren Arbeit (cf. 23.) geben die Verfasser über Culturversuche mit Algen einige Angaben, die sich auf Gerbstoffentziehung beziehen.

Kraus weist durch mehrere Experimente nach, dass Gerbstoff (cf. 18. p. 26.) ein tägliches Erzeugniss der Blätter sei, wie ja schon die Beobachtung lehre, dass die Gerbstoff führenden Zellen eine höchst günstige Lichtexposition haben, und weil ferner des Nachts in den Blättern weniger Gerbstoff gefunden wird, als am Tage; deshalb müsse er wohl zu diesen Zeiten eine Umwandlung erfahren. Aus vielen in CO_2-freier Atmosphäre

vorgenommenen Versuchen, fährt Verfasser fort (l. c. p. 28.),
sei zu erkennen, dass die Erzeugung von Aepfelsäure,
Gerbstoff und Zucker keine Stoffwechselprocesse seien
und nicht in naher Beziehung zur Kohlensäureassimila-
tion ständen. In einer neueren Arbeit (cf. 19.) spricht
Verfasser von primärem und secundärem Gerbstoff. Der
primäre Gerbstoff werde am Licht im Laub, in assimilirenden Geweben erzeugt, sei aber kein Assimilationspro-
duct; im Finstern unterbleibe die Gerbstoffproduction,
ebenfalls in CO_2-freier Atmosphäre, sodass die Gerbstoff-
bildung im Allgemeinen Hand in Hand mit der Kohlen-
säureassimilation gehe. Der secundäre Gerbstoff bilde
sich autochthon und bedürfe zur Enstehung kein Licht.
Beide Arten wandern wohl in die Reservestoffbehälter,
sind aber selbst keine Reservestoffe, sondern bilden einen
Schutz gegen Thierfrass oder Fäulniss.

Schimper bringt das Auftreten von Gerbstoff in Zu-
sammenhang mit der Aggregation (cf. 39. p. 225.) bei
Drosera und Sarracenia.

Kutscher findet sowohl das Protoplasma (cf. 20.) als
auch den Zellkern (Faba) gerbstoffhaltig, besonders kommen in den Wurzeln Gerbstoffanhäufungen vor.

Gardiner führt in seiner Arbeit aus, dass (cf. 8.)
sich Gerbsäure gelöst im Zellsaft der Pflanzen vorfinde.

Lampe fand bei seinen Untersuchungen (cf. 21.), die
er mit Beeren anstellte, dass Gerbstoff in der unreifen
Frucht in den Zellen der äusseren Epidermis mit Aus-
nahme der Cucurbitaceen zu finden sei. Das Hypoderm
enthalte ebenfalls Gerbstoff, und die Zellen des Frucht-
fleisches besonders in der Gegend der Gefässbündel —
die Cucurbitaceen ausgenommen — seien mit Gerbstoff
gefüllt. Die innere Epidermis enthalte zuweilen Gerbstoff, so bei Berberis und Actaea. Bei Besprechung der

Steinfrüchte erwähnt Verfasser gelegentlich das Vorkommen von Gerbstoff im Hypoderm und dem Fruchtfleisch, ähnlich wie bei den Beeren. In der Steinschale selbst wird bei Cornus mas Gerbstoff gefunden. Bei Rhamnus frangula L. wird ein eigenthümliches Verhalten des Gerbstoffes erwähnt (l. c. p. 25.), dort findet Verfasser Gerbsäure in den Zellen der äusseren Epidermis und denen des daran grenzenden Parenchyms, er verschwinde dann hier und sei nun in der Steinschale und der inneren Epidermis nachzuweisen. Cornus mas enthalte unter den Zellen der Steinschale Gerbstoffsäcke.

Rulf bespricht das Vorkommen des Gerbstoffes bei der Keimung von Acer platanoïdes und pseudoplatanus, bei Fraxinus excelsior und Vicia faba. (cf. 33.)

Hartwich untersucht Gallenwucherungen (cf. 13. p. 146.) im trockenen Zustand und findet in den an Gerbsäure reichen Zellen, dass Tannin als kleine Tröpfchen mit häutiger Umhüllung im Protoplasma vorhanden sei.

De Vries erläutert, dass (cf. 47.) durch das lebendige Protoplasma die Salze vieler schwerer Metalle nicht diosmiren, sterbe jedoch die Zelle ab, so kann Endosmose eintreten. Für Spirogyra bemerkt Verf. (l. c. p. 575.), dass Gerbsäure mit Eisenchlorid Reaction eingehe und zwar finde sich dieselbe nicht im Protoplasma, sondern die Reaction zeige das Vorhandensein in Vacuolen an. Später führt Verf. als Inhaltsstoffe der Zellen (cf. 48. p. 40.) ausser Traubenzucker, einer Säure oder eines sauren pflanzensauren Salzes und eiweissartiger Verbindungen noch Gerbstoff auf und bestimmt diesen nach der Moll'schen Methode mittelst Kupferacetat. Bei Fortschreiten der Reaction beobachtete er ein Auftreten von körnigem Niederschlag, bis endlich am Ende der Einwirkung die Vacuolen mit jenem erfüllt waren.

Westermeier will dem Gerbstoff, weil er meist in den Blättern gefunden wird (cf. 50. p. 1115.), Bedeutung für die Assimilation zuschreiben. Während des Stoffwechsels nehme Gerbstoff an der Eiweissbildung theil; beim Blätterabfall im Herbst trete Verminderung desselben auf.

Berthold findet im Protoplasma Gerbstofftröpfchen (Phaeosporeen) eingebettet und für das Secret von Rhus glabra (cf. 2. p. 31.) giebt Verf. ebenfalls Gerbstoffgehalt an, wie diesen auch „viele ächte Milchsüfte" führen. Die Intercellularräume sollen wie die sie umschliessenden Zellen mit Gerbstofflösung gefüllt angetroffen worden sein. Weiterhin wird (l. c. p. 167.) die Ansicht ausgesprochen, dass die Gerbsäurevacuolen aus dem Protoplasma durch Entmischung entstünden; Aggregation zeigende Drosera-Tentakeln aber bilden Gerbsäurevacuolen durch Entmischung des Zellsaftes.

Stadler ist nicht mit der Ansicht einverstanden, dass die Gerbsäure mit den Secretionsprocessen zusammenhänge, denn (cf. 42. p. 72.) den Nectarien von Saxifraga nutata gehen zuckerhaltige Secrete aus Gerbstoff hervor, und es verschwinden die Gerbstoffe mit dem Aufhören der Secretion. Verf. hält ausser Stärke auch Gerbsäure und fette Oele für Reservestoffe, von denen mehrere zu gleicher Zeit vorkommen können, namentlich wenn Stärke fehle (Diervilla, Oenonthera, Impatiens).

Wagner's Untersuchungsobjecte betreffen die Crassulaceen; er kommt zu dem Schluss (cf. 49.), dass Gerbsäure im Zellsaft gelöst und nur im parenchymatischen Gewebe zu finden sei. Die secundäre Rinde, die Leitscheide und die Epidermis oder einige unter dieser liegenden Zellschichten seien der Sitz der Gerbsäure. Die Gerbstoff führenden Zellen des Blattparenchyms sind ebenfalls

meist isolirt. Als von Gerbstoff frei ist der Vegetations-
punkt, die ersten Blattanlagen, Cambium und die Stärke-
scheide befunden worden. Was die Grösse dieser Zellen
betrifft, so kann diese verschieden sein; so können diese
z. B. bei Aeonium pulchellum u. A. zu Schläuchen werden. Wo Gerbsäure in Chlorophyll führenden Zellen auf-
trete, will Verf. die Chlorophyllkörper kleiner, weniger
gefärbt und in geringerer Anzahl als sonst angetroffen
haben. Für die Ansicht eines Zusammenhanges des
Gerbstoffes mit der Stärke tritt Verf. ein; er findet bei
Anwesenheit von Gerbstoff wenig oder keine Stärke vor.
Für die Verhältnisse des Vorkommens von Gerbsäure und
Kalkoxalat lässt Verf. dasselbe wie für jenes mit Chlorophyll und Stärke gelten. Eine Wanderung des Gerbstoffes bei Crassulaceen findet nicht statt.

Möller untersucht die Blätter vieler Pflanzen und
äussert sich dahin, dass die Acidität des Zellsaftes für
das Auftreten der Reaction mit Eisensalzen von Einfluss
sei (cf. 26. p. 5. u. 6.). Saurer Zellsaft müsse mit alkalischen Chemikalien untersucht werden. Dass Gerbsäure
als ein Oxydationsproduct bei der Stärkeumwandlung entstehe, führt Verf. (l. c. p. 7.) weiterhin aus und schliesst
hier an, dass „Stärke als lösliches Kohlenhydrat mit der
Gerbsäure zu einem Glycosid verbunden wandert." Dieses
Kohlenhydrat könne in vielen Fällen Traubenzucker, in
anderen Amylodextrin oder noch nicht nachgewiesene
andere Kohlenhydrate sein. Daher spalte sich dasselbe
je nach Verwendung in Gerbsäure und andere Producte,
so z. B. in Zucker und Stärke, oder es bildet sich Cellu-
lose; daher kommt es auch, dass dort, wo diese Körper
ausgeschieden würden, immer Gerbstoff zu finden sei.
Nur wenn der Stoffwechsel dauernd unterbrochen sei,
würde Gerbstoff als Excret ausgeschieden. Weiter unten

(l. c. p. 25. u. f.) stellt Verf. die Gerbsäuren als Glyco-
segenide hin, welche die Wanderung der Kohlenhydrate
in den Pflanzen bewerkstelligen. Als Bildungsstelle bezeichnet Verf. die assimilirenden Organe, die keimenden
Samen, die Speicherungsorgane und die Ruhestätten beim
Wiedererwachen der Vegetation. Jene anfänglich erwähnten Oxydationsprocesse geschähen unter Mitwirkung
des Protoplasmas. Treten jedoch Reductionsprocesse auf,
so stellt Verf. nicht in Abrede, dass die Gerbsäure wieder in Kohlenhydrate übergeführt werden könnten, somit aus dem Stoffwechsel verschwinden würden. „Gerbsäure wird an allen Orten ihrer ersten Ablagerung jedenfalls immer von Neuem in den Stoffwechsel hineingezogen
und wir haben uns die Leitung der Kohlenhydrate dar-
nach jedenfalls als eine beständige Bildung und Wieder-
ersetzung der Gerbstoffglycoside zu denken." Bei Anlage
und Wachsthum der Blätter werde nach dem Verf. erst
Gerbsäure in jene zugeführt und erst wenn durch Assimilation der Blätter der Kohlenhydratgehalt den eigenen
Bedarf übertreffe, beginne die Oxydation und die Vorbe-
reitung der Gerbsäureglycoside zur Wanderung.

Klercker hält den Gerbstoff für im Zellsaft gelöst (cf.
17.), in Bläschen oder Vacuolen finde er sich am immer
davon freien Protoplasma. In diesen Behältern seien
eiweissartige Körper niemals gelöst, ihre Hülle bestehe
aus plasmatischer Substanz, die sich als Niederschlag von
Gerbstoff mit begrenzendem Eiweiss erweise. Die Gerbstoffvacuolen mögen ihren Ursprung im Protoplasma haben
und treten durch Verschmelzung kleiner Gerbstoff führender
Safträume in demselben als Vacuolen aus diesem heraus.
Im Uebrigen findet Verf. (l. c. p. 17) den Gerbstoff in
den Zellen in zwei Formen vor: einmal als Lösung, das
anderemal als nicht flüssige, amorphe Masse. Durch

plasmolytische Operation scheide sich aus den Vacuolen
„festweicher Gerbstoff" aus. Der gelöste Gerbstoff in
den Blasen diosmire nicht. Die Form, in der Gerbstoff
im Plasma zur Entstehung kommt, bezeichnet Verf. als
körniger Zustand. Komme Gerbstoff in Blasen in der
Wurzelrinde oder der Wurzelhaube vor, so sei er hier
Excret.

Stahl schildert (cf. 43.) Gerbstoff als Schutzmittel
der Pflanzen gegen Thierfrass.

Klebs führt in seiner Arbeit (cf. 16.) an, dass Zygnema bei Vermehrung Gerbsäureabnahme aufweise.

Schulz weist in Blättern neben Stärke (cf. 40. p.
256. u. f.), fettem Oel noch Gerbsäure nach und stellt
letztere als Reservestoff hin. Verf. glaubt eine Wechsel-
wirkung zwischen Stärke und Gerbstoff annehmen zu
müssen, indem an stärkereichen Zellen ein geringer
Gerbstoffgehalt vorkomme.

Büsgen unterscheidet wie *Kraus* primären und secundären Gerbstoff. Das Vorkommen von Gerbsäure in den
Aleuronkörnern in den Samen von Cynoglossum off. u.
A. findet Verf. (cf. 4. pag. 17.) für nicht überraschend,
„wenn man sich daran erinnert, dass die Aleuronkörner
nach den Untersuchungen von *Wacker* (Bot. Centr.-Bl.
Bd. 33. Nr. 12.) und *Werminski* (Ber. d. deutsch. bot.
Ges. Bd. 6. p. 199.) aus den Vacuolen auskristallisiren."
In einjährigen und mehrjährigen Pflanzen finde die Bil-
dung secundären Gerbstoffes im Urmeristem und Cambium
statt entweder während des ganzen Wachsthums oder
während kürzerer Zeit; in letzterem Falle trete dann Ver-
dünnung der Gerbsäurelösung ein, wie in der Wurzel von
Senecio aegyptica und hinter den Vegetationspunkten von
Wurzeln, und in den Initialzellen von Gefässbündeln.
In Zellen, in denen der ursprüngliche Gerbstoff verschwun-

den ist, könne dann secundärer Gerbstoff auftreten. Durch Verdunkelung konnte für Mesocarpus keine Abnahme des Gerbstoffes wahrgenommen werden. Ein Verschwinden von Gerbstoff soll (l. c. p. 58.) sicher in den Zellen vorliegen, die dem Absterben anheimfallen, oder in solchen, welche längere Lebensdauer besitzen. Die Entstehung des Gerbstoffes verlegt Verfasser an Orte der Neubildung von Baustoffen oder dahin, wo anderwärts gebildete Baustoffe zusammenströmen, also auch dort, wo Kohlenhydrate mehr zugeführt, als verbraucht werden. Bei Neubildung werde Gerbstoff im Dunkeln nicht verbraucht.

Zusammenfassung einiger Resultate.

1) Es giebt verschiedene Reagentien, welche Gerbsäurereaction in lebenden Zellen zu beobachten gestatten:

a. Ferrum citricum oxydatum (durch NH_3 fast neutralisirt),

b. Ferrum citrium ammoniatum,

c. Ferrum sesquichloratum (fast neutral),

d. Ferrum sulfuricum,

e. Ferrum sulfuricum oxydatum (fast neutral).

Die angewendeten Concentrationen variirten zwischen 1:10000 und 1:2500; in selteneren Fällen kam grössere Concentration zur Anwendung oder das Reagenz wurde in wasserhaltigem Glycerin gelöst. Oft konnte nach Eintritt der Gerbstoffreaction noch Protoplasmaströmung in der Zelle constatirt werden. (Pag. 22, 23, 24, 25, 34, 37.)

2) Die Gerbsäurereaction gebenden Kör-

per finden sich im Zellsaft (grossen oder kleinen
Vacuolen) in wechselnder, oft beträchtlicher Menge gelöst vor. (Pag. 24—34.)
Eine Niederschlagsmembran in den Reaction gebenden Vacuolen konnte nicht bemerkt werden. (Pag. 24—34.)

3) In manchen Fällen konnte Gerbsäurereaction
an einzelnen Stellen des lebenden (in starker
Strömung befindlichen) Cytoplasmas erhalten werden (Pag. 29—32.)

4) Chlorophyllapparate, Pyrenoïde, Nuc-
leus und Nucleolus zeigen in der lebenden
Zelle niemals Gerbsäurereaction. (Pag. 25—34.)

5) Die Gerbsäurereaction ist an praefor-
mirte feste Körper in der lebenden Zelle
nicht gebunden. (Pag. 29—33.)

6) Die Membran zeigt, wo sie als Scheide-
wand auftritt, bisweilen Reaction. (Pag. 29—33.)

7. Bei Zufuhr von Kaliumnitrat oder Magnesiumsulfat oder beider Salze zugleich tritt
Abnahme der Gerbsäure auf, wenn gleichzeitig das Licht ganz oder theilweise ent-
zogen wird. (Pag. 36—44.)

8) Einige untersuchte Cruciferen zeigten
keine Gerbsäurereaction. (Pag. 36.)

Literatur-Verzeichniss.

1) *Behrens*, Wilh. „Hilfsbuch zur Ausführung mi-
kroskopischer Untersuchungen im botanischen Laboratorium," Braunschweig, 1883.

2) *Berthold*, Dr. G. „Studien über Protoplasma-mechanik.“ Leipzig, 1886.

3) *Braemer*, L. „Un nouveau réactiv histochimique des tannins.“ Bull. de la Soc. d'hist. nat. de Toulouse. Séance d. 23. janv. 1889. Toulouse, 1889.

4) *Büsgen*, Dr. M. „Beobachtungen über das Verhalten des Gerbstoffes in den Pflanzen.“ Jenaische Zeitschrift f. Naturwissenschaft, Bd. XXIV., Heft I. Jena, 1889.

5) *Cerletti*. „Untersuchungen über das Reifen der Weintrauben.“ Oesterr. landwirthschaftl. Wochbl. 1875.

6) *Councler*, Dr. C. „Bericht über die Verhandlungen der Commission zur Feststellung einer einheitlichen Methode der Gerbstoffbestimmung, geführt in Berlin am 10. Nov. 1883.“ Cassel 1885.

7) *Engler*, Dr. A. „Ueber epidermoïdale Schlauch-zellen, beobachtet bei den Saxifragen der Sect. Cymbalaria Gris.“ Bot. Zeitung, 1871.

8) *Gardiner*, W. „On the general occurcuse of tannins in the vegetable cell and a possible view of their physiological significance.“ Extr. from the Proceedings of Cambridge Philosophical Society. Vol. IV. part VI. Cambridge, 1883.

9) *Hartig*, Th. „Entwicklungsgeschichte des Pflanzenkeims, dessen Stoffbildung und Stoffwandlung während der Vorgänge des Reifens und Keimens.“ Leipzig, 1858.

10) *Hartig*, Dr. Th. „Das Gerbmehl.“ Bot. Ztg. 1865, Nr. 7.

11) *Hartig*, Dr. Th. Bot. Ztg. 1865, Nr. 30.

12) *Hartig*, Dr. Theodor. „Ueber den Gerbstoff der Eiche.“ Stuttgart (Cotta), 1869.

13) *Hartwig*, C. „Ueber Gerbstoffkugeln und Ligninkörner in der Naturgeschichte der Infectoriagallen.“ Ber. d. deutsch. bot. Ges. Jahrgg. III, Leipzig, 1885,

14) *Karsten*, H. „Die Vegetationsorgane der Palmen." Abhdlg. d. K. Ak. d. W. zu Berlin, Jahrgg. 1847. Berlin, 1849.

15) *Karsten*, Dr. H. „Ueber Vorkommen der Gerbsäure in den Pflanzen." Monatsber. der K. Preuss. Ak. d. W. zu Berlin, 1857. Berlin, 1858.

16) *Klebs*, Georg. „Beiträge zur Physiologie der Pflanzenzelle." Untersuchungen a. d. bot. Inst. zu Tübingen. II. Bd., III. Heft. 1888.

17) *Klercker*, John af E. F. „Studien über die Gerbstoffvacuolen." Stockholm, 1888.

18) *Kraus*. „Ueber den täglichen Stoffwechsel im Zellsaft." Ber. üb. d. Sitz. d. Naturforsch.-Ges. z. Halle, 5. Aug. 1882.

19) *Kraus*, Gr. „Grundlinien zu einer Physiologie des Gerbstoffes." Leipzig, 1889.

20) *Kutscher*, E. „Ueber die Verwendung der Gerbsäure im Stoffwechsel der Pflanze." Flora, Jahrgg. 66, Nr. 3—5. Regensburg, 1883.

21) *Lampe*. „Zur Kenntniss des Baues und der Entwicklung saftiger Früchte." Dissertation, Halle a/S. 1884.

22) *Loew*, Oscar und *Bokorny*, Thomas. „Die chemische Kraftquelle im lebenden Protoplasma." Theoretisch begründet und experimentell nachgewiesen. München, 1882.

23) *dto., dto.* „Ueber das Verhalten von Pflanzenzellen zu stark verdünnter alkalischer Silberlösung." Bot. Centralbl. 1889. Nr. 39, 45 und 46.

24) *Moll*, J. W. „Een nieuwe microchemische looi zuurreactie." Maandblad voor Natuurwetenschappen. 2. Ser. Bd. I.

25) *Moll*, J. W. „Over looistof reactiën van Spirogyra." Maandblad voor Natuurwetenschappen. 2. Ser. Bd. II.

26) *Möller*, H. „Ueber das Vorkommen der Gerbsäure und ihre Bedeutung für den Stoffwechsel in der

Pflanze." Mittheil. a. d. naturw. Verein für Neu-Vorpommern und Rügen in Greifswald, 1887.

27) *Naegeli* u. *Schwendener*. „Das Mikroskop." 186⁵/₇.

28) *dto., dto.* 2. Aufl. 1877.

29) *Oser*, Prof. Dr. Joh. „Ueber die Gerbsäure der Eichen." Sitzgsber. d. W. Ak. d. mathem.-nat. Classe. 1875. Bd. 72. II.

30) *Pezold*, Wilh. „Ueber die Vertheilung des Gerbstoffes in den Zweigen und Blättern unserer Holzgewächse." Dissertation. Halle a/S. 1876.

31) *Pfeffer*, W. „Physiologische Untersuchungen." Leipzig, 1873.

32) *Pfeffer*, Dr. W. „Ueber Aufnahme von Anilinfarben in lebende Zellen." Untersuch. a. d. bot. Inst. z. Tübingen, 1886.

33) *Rulf*, Paul. „Ueber das Verhalten der Gerbsäure bei der Keimung der Pflanzen." Dissertat. Halle a/S., 1884.

34) *Sachs*, Dr. J. „Ueber einige neue mikrochemische Reactionsmethoden." Sitzgsb. d. Wiener Ak. Bd. 36. 1889.

35) *dto.* Bot. Ztg. 1860. Nr. 23.

36) *dto.* „Zur Keimungsgeschichte der Dattel." Bot. Ztg. 1862. Nr. 31.

37) *Sanio*, C. „Einige Bemerkungen über den Gerbstoff und seine Verbreitung bei den Holzpflanzen." Bot. Ztg. Jahrgg. 21. Leipzig 1863. Nr. 3.

38) *Schell*, J. „Physiologische Rolle der Gerbsäure." Kasan, 1874. Refer. im Bot. Jahresber.

39) *Schimper*, A. F. W. „Notizen über Insecten fressende Pflanzen." Bot. Ztg. Jahrgg. 40. Nr. 14. Leipzig, 1882.

40) *Schulz*, E. „Ueber Reservestoffe in immergrünen Blättern unter besonderer Berücksichtigung des Gerbstoffes." Flora 1888.

41) *De Seynes*, J. „Recherch. pour serv. à l'hist.

nat. d. végéteaux inférieurs." I. des Fistulines. **Paris**
1874. Vergl. Bull. soc. bot. de France 1874.

42) *Stadler*, Salom. „Beiträge zur Kenntniss der Nectarien und Biologie der Blüthen." Dissert. Zürich. Berlin, 1886.

43) *Stahl*. „Ueber Pflanzen und Schnecken." Jena, 1888.

44) *Trécul*, A. „Du tannin dans les Rosacées."
Comptes rendues etc. Tome 60. Paris, 1865.

45) *dto.* „De la gomme et du taunin dans le Cono-
cephalus naucleïflorus." Ann. d. sciences nat. Ser. 5.
Bot. Tome 9. Paris, 1868.

46) *Vogl*, Dr. Aug. „Ueber das Vorkommen der
Gerb- und verwandten Stoffe in unterirdischen Pflanzentheilen." Sitzgsb. der W. Ak. Bd. 53. II. Abth. 1866.

47) *De Vries*, H. „Plasmolytische Studien über die
Wand der Vacuolen." Pringsheim. Jahrb. f. wiss. Bot.
Bd. 16. Berlin, 1885.

48) *dto.* „Ueber die Aggregation im Protoplasma
von Drosera rotundifolia." Bot. Ztg. 44. Jahrgg. 1886.

49) *Wagner*, Ed. „Ueber das Vorkommen und die
Vertheilung des Gerbstoffes bei den Crassulaceen. Dissertat. Göttingen, 1887.

50) *Westermeier*. „Zur physiologischen Bedeutung
des Gerbstoffes in den Pflanzen." Sitzgsb. d. Kgl. Preuss.
Ak. d. W. zu Berlin. Bd. 49. 1885.

51) *Wilke*, Karl. „Ueber die anatomischen Bezie-
hungen des Gerbstoffes zu den Secretbehältern der Pflanzen." Dissertat. Halle a/S., 1883.

52) *Wiegand*, A. „Einige Sätze über die physiologische Bedeutung des Gerbstoffes und der Pflanzenfarbe."
Bot. Ztg. 1862. Nr. 16.

53) *Wolf*, Alfr. „Ueber den Gerbstoff der Eiche mit besonderer Rücksicht auf die *Hartig'*schen Publicationen." Dissert. Leipzig, 1870.

Diese Arbeit wurde im Botanischen Institut der Königlich Bayerischen Friedrich-Alexander-Universität zu Erlangen unter Leitung des Privatdocenten Herrn Dr. Th. *Bokorny* von mir gemacht.

Es sei mir. an dieser Stelle gestattet meinem hochzuverehrenden Lehrer, dem Herrn Professor Dr. Max *Reess* für seine mir stets bereitwillig ertheilten Unterweisungen — und dem Herrn Privatdocenten Dr. Th. *Bokorny* für die mir von seiner Seite bei meinen Arbeiten mit hilfreicher Hand zutheil gewordene Unterstützung meinen ehrerbietigsten Dank auszusprechen.

Der Verfasser.

www.ingramcontent.com/pod-product-compliance
Lightning Source LLC
Chambersburg PA
CBHW022106210326
41519CB00056B/1448